U0209271

低碳经济学系列教材

总主编 方洁

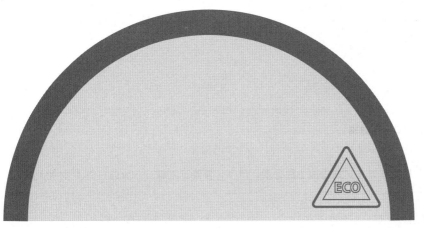

Tandafeng Tanzhonghe Lilun Jichu Yu Shishi Zhinan

碳达峰 碳中和

理论基础与实施指南

陈远新 严飞 曾鉴三 主编

东北财经大学出版社 大连

Dongbei University of Finance & Economics Press

图书在版编目（CIP）数据

碳达峰碳中和理论基础与实施指南 / 陈远新，严飞，曾鉴三主编．—大连：东北财经大学
出版社，2023.12
（低碳经济学系列教材）
ISBN 978-7-5654-5070-9

Ⅰ.碳…　Ⅱ.①陈…②严…③曾…　Ⅲ.二氧化碳-节能减排-中国-教材　Ⅳ.X511

中国国家版本馆CIP数据核字〔2023〕第253902号

东北财经大学出版社出版发行

　　大连市黑石礁尖山街217号　邮政编码　116025
　　网　　址：http：//www.dufep.cn
　　读者信箱：dufep @ dufe.edu.cn

大连天骄彩色印刷有限公司印刷

幅面尺寸：185mm×260mm　字数：214千字　印张：14.5
2023年12月第1版　　　2023年12月第1次印刷
责任编辑：李　季　　　　责任校对：一　心
封面设计：张智波　　　　版式设计：原　皓
定价：48.00元

教学支持　售后服务　　联系电话：（0411）84710309
版权所有　侵权必究　　举报电话：（0411）84710523
如有印装质量问题，请联系营销部：（0411）84710711

前　言

　　碳达峰和碳中和是当前全球面临的重大挑战，也是中国作为负责任大国的庄严承诺。2022 年 10 月，习近平总书记在中国共产党第二十次全国代表大会上重申要"积极稳妥推进碳达峰碳中和"，强调要"统筹产业结构调整、污染治理、生态保护、应对气候变化，协同推进降碳、减污、扩绿、增长，推进生态优先、节约集约、绿色低碳发展"。实现碳达峰和碳中和，既需要政策引导和市场激励，也需要科技创新和社会参与。科技是实现碳达峰和碳中和的重要支撑，也是提升我国国际影响力和竞争力的关键因素。因此，掌握碳达峰和碳中和的基本原理、技术路径、管理方法、社会效应等方面的知识，对于培养高素质的绿色发展人才，推动我国绿色转型和低碳发展，具有重要的意义。既增强我国文化软实力，又响应党的二十大人才强国号召。

　　本书是一本关于碳达峰和碳中和的新教材，旨在为广大读者提供一本系统、全面、权威、实用的学习参考资料。本书涵盖了碳达峰和碳中和的基础理论、国内外政策进展、主要领域措施、关键技术支撑、管理决策方法、社会经济效应等内容，结合了最新的科学研究成果和实践案例，以通俗易懂的语言，阐述了碳达峰和碳中和的科学内涵、实现路径、挑战机遇、未来展望等问题。本书既可以作为高校相关专业的教材，也可以作为在政府部门、企业机构、社会组织中从事碳达峰和碳中和相关工作的人员的培训教材，还可以作为广大公众了解碳达峰和碳中和知识的读物。

　　此外，本书与企业 ESG 披露有着密切关联，涵盖了环境、社会和治理（ESG）三个方面的内容，这些内容与企业 ESG 披露的主要指标和要求相一致，可以帮助企业了解 ESG 相关的政策导向、社会期待和市场趋势，提高企业 ESG 信息披露的质量和水平。而且，本书提供了一些实用的方法和案例，企业可以借鉴这些方法和案例，制定符合自身实际情况的 ESG 战略规划，建立健全 ESG 管理体系，加强 ESG 数据收集和分析，完善 ESG 风险防控和应对机制，创新 ESG 绩效评估和激励方式，推动 ESG 与企业经营深度融合。

碳达峰碳中和是一场全球性的行动，需要各国、各地区、各行业、各领域的共同努力。本书希望能够激发读者的环境意识和社会责任感，增强读者的知识储备和能力素养，促进读者的创新思维和行动力量，为推动我国乃至全球的碳达峰碳中和进程作出贡献。

作为本书的主编，我感到非常荣幸和自豪。我要感谢本书的其他编委和作者们，他们在繁忙的工作之余，投入了大量的时间和精力，为本书的编写提供了宝贵的资料和意见。我还要感谢出版社的编辑们，他们对本书进行了细致的审校和修改，保证了本书的质量和规范。

最后，我衷心地祝愿本书能够得到广大读者的关注和支持，也期待着读者们对本书提出宝贵的意见和建议。

陈远新

中国质量认证中心武汉分中心主任助理

2023 年 8 月于武汉

目　录

第一章　碳达峰碳中和的
国际政策背景

一、国际气候谈判

（一）全球气候峰会背景介绍

1.起源和主要特点

全球气候峰会是基于《联合国气候变化框架公约》机制，使各国领导人就气候变化问题进行政治对话和协商的最高层次的平台。全球气候峰会不仅涉及温室气体减排，还涉及适应气候变化、资金和技术转移、能力建设、透明度和遵约等多个方面，是一项综合性、跨领域、跨区域的全球治理事业。该峰会最早可追溯至1972年的联合国人类环境会议，作为会议成果文件之一的《人类环境行动计划》在第70条建议中正式提出，"建议各国政府注意那些具有气候风险的活动"。自1992年6月，在巴西里约热内卢举行的联合国环境与发展大会上，通过了《联合国气候变化框架公约》（UNFCCC，以下简称《公约》）后，从1953年开始《公约》缔约方按规定每年举行一次首脑峰会，讨论气候变化和各国的应对方案、承诺和行动[1]。

全球气候峰会是一个动态的进程，随着科学认识的提高、社会经济的发展和国际关系的变化而不断调整和完善。从《京都议定书》（以下简称《议定书》）到《巴黎协定》（以下简称《协定》），全球气候峰会体现了从"共同但有区别的责任"到"最大努力"原则的转变、从单一的减排目标到多元的自主贡献的转变、从强制性的法律约束到灵活性的政治承诺的转变。

全球气候峰会也是一个包容性的进程，充分尊重各国的主权和利益，反映了发达国家和发展中国家之间以及不同发展中国家之间的多样性和差异性。全球气候峰会既考虑了各国在历史责任、发展阶段、减排能力和受影响程度等方面的不同情况，也鼓励了各国根据自身国情和能力采取积极行动，并通过南北合作和南南合作增强互信和互助。

全球气候峰会更是一个开放性的进程，广泛吸纳了政府、企业、民间社会、科学界、媒体等各方面的参与和贡献。全球气候峰会不仅是政府间的谈判，也是多元利益相关者的对话和合作。全球气候峰会为各方提供了展示行动、分享经验、交流观点、建立伙伴关系、推动创新等多种机会，形成了一个涵盖全球、区域、国家和地方层面的广泛网络。

2.主要法律文件和机制

全球气候峰会的主要法律文件有以下三个：

● 《联合国气候变化框架公约》：是全球气候治理的基本法律框架，于1992年在里约热内卢地球峰会上通过，1994年生效，目前有197个缔约方。《公约》确定了各国应对气候变化的基本原则、目标、义务和机制，其中最核心的原则是"共同但有区别的责任"，即发达国家应承担主要责任和义务，而发展中国家应根据自身国情和能力采取行动，并得到发达国家的资金、技术和能力建设支持。该公约的终极目标是防止气候系统受到危险的人为干扰，具体表现为将大气中温室气体浓度维持在一个稳定的水平[1][2]。

● 《京都议定书》（Kyoto Protocol）：是《公约》下的第一个具有法律约束力的附加议定书，于1997年通过，2005年生效，目前有192个缔约方。该议定书规定了发达国家在2008—2012年（第一承诺期）和2013—2020年（第二承诺期）期间的具体减排目标，以及三种灵活的市场机制，即国际排放交易机制、清洁发展机制和联合履行机制，以降低减排成本和促进技术转移。《议定书》遵守了《公约》中"共同但有区别的责任"原则，即只对发达国家缔约方设定强制性减排目标，而发展中国家缔约方则不承担有法律约束力的限控义务[7]。

● 《巴黎协定》（Paris Agreement）：是《公约》下的第二个具有法律约束力的附加协定，于2015年通过，2016年生效，目前有194个缔约方。该协定旨在将全球平均气温升高控制在远低于2℃，并努力限制在1.5℃以下，并建立一个公平、透明、动态的全球气候治理体系。该协定创新了《公约》中"共同但有区别的责任"原则，即所有缔约方都应根据自身国情和能力提交国家自主贡献（NDCs），以表明其减排和适应气候变化的行动和目标，并通过全球库存盘点（GST）等机制不断提高其雄心水平。该协定还强调了发达国家向发展中国家提供资金、技术和能力建设支持的重要性，以帮助后者实现低碳发展和气候适应[1][6]。

全球气候峰会的主要机制有以下几个：

● 缔约方大会（COP）：是《公约》最高决策机构，由所有缔约方组成，每年举行一次，审议和通过有关气候变化的决议和决定。缔约方/议定书缔约方联合会议（CMP）和缔约方/协定缔约方会议（CMA）分别是《议定书》和《协定》最高决策机构，与COP同期举行，审议和通过有关《议定书》和《协定》的决议和决定[3]。

● 附属机构会议（SBI/SBSTA）：是《公约》、《议定书》和《协定》的常设附属机构，分别负责实施、科技等方面的事务，每年至少举行两次会议，为COP、CMP和CMA提供建议和支持。附加机构会议（APA/AC/CMA）是根据不同阶段的谈判任务而设立的临时附属机构，负责推进特定议题的谈判进程，为COP、CMP和CMA提供草案或建议[1][2]。

● 气候基金：是为了支持发展中国家应对气候变化而设立的专项基金，包括适应基金、绿色气候基金、最不发达国家基金、特殊气候变化基金等。这些基金由发达国家缔约方向其注入资金，并由全球环境基金（GEF）、绿色气候基金（GCF）等机构管理和运作[1][2]。

● 技术机制：是为了促进气候相关技术的开发、创新、转移和部署而设立的机制，包括技术执行委员会（TEC）、气候技术中心与网络（CTCN）等机构。这些机构为各国提供技术政策建议、信息共享、能力建设等服务，并促进南北合作和南南合作[1][2]。

●能力建设委员会：是为了加强发展中国家在应对气候变化方面的能力建设而设立的机制，由各缔约方代表组成，负责协调和指导能力建设工作，并促进经验交流和最佳实践分享[1][2]。

3. 全球气候峰会重要成果

全球气候峰会的重要成果主要有以下几项：

●制定了全球气候治理的法律框架和政治指导。全球气候峰会通过了《联合国气候变化框架公约》、《京都议定书》和《巴黎协定》等重要文件，为全球应对气候变化提供了基本原则、目标、机制和规则，为各国行动和合作提供了方向和依据。

●推动了全球温室气体排放的控制和减少。全球气候峰会促使各国制定和实施了各自的减排承诺和行动，包括《京都议定书》的具有法律约束力的减排目标和《巴黎协定》的自主贡献。根据最新数据，参与《京都议定书》第一承诺期的发达国家已经超额完成了其减排目标，而参与《巴黎协定》的各国也在积极落实其自主贡献。

●促进了全球气候变化适应能力的提高和增强。全球气候峰会关注了发展中国家在适应气候变化方面的需求和困难，设立了多个专项基金，如适应基金、绿色气候基金等，以支持发展中国家开展适应项目和方案。同时，全球气候峰会也鼓励各国开展适应规划、评估、监测等工作，以提高对气候变化影响的认识和应对能力。

●促进了全球气候变化相关技术的发展和转移。全球气候峰会强调了技术在应对气候变化中的关键作用，建立了技术执行委员会、气候技术中心与网络等机构，以促进技术开发、创新、转移和部署。同时，全球气候峰会也推动了各国在清洁能源、节能减排、碳捕集与封存等领域的技术合作和交流。

●促进了全球气候变化相关能力建设的加强和提升。全球气候峰会认识到能力建设是实现有效应对气候变化的重要条件，建立了能力建设委员会等机构，以协调和指导能力建设工作。同时，全球气候峰会也支持各国在政策制定、管理机制、人力资源等方面开展能力建设活动。

（二）气候变化谈判进程及其焦点问题

1.历史回顾，见表1-1

表1-1 全球气候峰会历史沿革表[1]

全球气候峰会的历史沿革
全球气候峰会最早可追溯至1972年的联合国人类环境会议。作为会议成果文件之一的《人类环境行动计划》在第70条建议中正式提出，"建议各国政府注意那些具有气候风险的活动"。
1979年2月，第一次世界气候大会在瑞士日内瓦召开。会议指出，如果大气中二氧化碳含量保持当时的增长速度，那么到20世纪末气温上升将达到"可测量"的程度，到21世纪中叶将出现显著的增温现象。
1988年11月，联合国大会通过决议，建立政府间气候变化专门委员会（IPCC），负责评估有关气候变化的科学、技术和社会经济信息，并为各国政府提供政策建议。
1990年8月，第二次世界气候大会在日内瓦召开。会议通过了《世界气候行动计划》，并呼吁制定一项国际公约，以应对全球变暖和臭氧层损耗等问题。
1992年6月，在巴西里约热内卢举行的联合国环境与发展大会上，通过了《联合国气候变化框架公约》（UNFCCC）。该公约是全球气候治理的基本法律框架，其目标是"稳定大气中温室气体浓度在不危及食物生产和不妨碍经济发展的水平"。
1994年3月，《联合国气候变化框架公约》正式生效。同年12月，在德国柏林召开了第一次缔约方大会（COP1）。COP是指缔约方每年一次的首脑峰会，讨论气候变化和各国的应对方案、承诺和行动。COP1通过了《柏林授权》，要求发达国家在2000年前采取具体措施减少温室气体排放，并启动了制定具有法律约束力的减排协议的谈判进程。
1997年12月，在日本京都召开了第三次缔约方大会（COP3）。COP3通过了《京都议定书》，规定了发达国家在2008—2012年期间将温室气体排放量较1990年水平减少总计5.2%。
2005年2月16日，《京都议定书》正式生效。该议定书规定了发达国家在2008—2012年期间的具体减排目标，以及三种灵活的市场机制，即国际排放交易机制、清洁发展机制和联合履行机制，以降低减排成本和促进技术转移。
2009年12月，在丹麦哥本哈根召开了第十五次缔约方大会（COP15）。COP15未能达成一项具有法律约束力的新协议，但通过了《哥本哈根协议》，其中包含了发达国家和发展中国家的自愿减排承诺，以及对发展中国家提供资金和技术支持的承诺。

续表

全球气候峰会的历史沿革
2011年12月，在南非德班召开了第十七次缔约方大会（COP17）。COP17通过了"德班平台"，决定在2015年前完成一项涵盖所有国家的新协议，并于2020年生效。同时，延长了《京都议定书》的第一承诺期至2012年底，并启动了第二承诺期的谈判。
2012年12月，在卡塔尔多哈召开了第十八次缔约方大会（COP18）。COP18通过了《京都议定书多哈修正案》，确定了《京都议定书》第二承诺期的时间范围（2013—2020年）和减排目标（比1990年水平至少减少18%）。该修正案于2020年12月31日生效。
2015年12月，在法国巴黎召开了第二十一次缔约方大会（COP21）。COP21达成了历史性的《巴黎协定》，为全球应对气候变化提供了新的框架和动力。《巴黎协定》旨在将全球平均气温升高控制在远低于2℃，并努力限制在1.5℃以下，并建立一个公平、透明、动态的全球气候治理体系。
2016年11月，《巴黎协定》正式生效。该协定规定了各国提交国家自主贡献（NDCs）的程序和要求，以表明其减排和适应气候变化的行动和目标，并每五年更新一次。同时，该协定也强调了对发展中国家提供资金、技术和能力建设支持的重要性，并设立了一个全球目标，即到2050年实现温室气体排放与吸收之间的平衡。

2.现状分析

2021年11月14日，《联合国气候变化框架公约》第二十六次缔约方大会（COP26）在英国格拉斯哥落下帷幕，达成了《格拉斯哥气候协议》（Glasgow Climate Pact），在全球应对气候变化的诸多领域取得了新进展。具体而言，有以下几个方面[8]：

●重申了将全球平均气温升幅限制在工业化前水平的2℃以内，并努力将其限制在1.5℃以内的目标，并呼吁各国在2022年内提出更强有力的国家自主贡献（NDCs），以加快《巴黎协定》落实步伐。

●同意逐步减少煤炭能源的使用，以及逐步取消"低效"化石燃料补贴条款，这是首次在联合国气候谈判中明确提及"去煤炭"的目标。

●敲定了《巴黎协定》第六条关于建立全球碳排放交易市场的规范，为各国定期报告进展情况提供范本，增强透明度框架，建立信任机制。

●要求发达国家在2025年前至少提供两倍的资金，支持发展中国家适应气候变化，并同意为损失与损害设立专门基金，实现了气候谈判桌上的一个历史性突破。

尽管格拉斯哥气候大会取得了一些成果，但也面临着许多挑战和不足，需要各国加强合作和行动，以实现《联合国气候变化框架公约》确定的终极目标。具体而言，有以下几个方面：

● 现有的国家自主贡献计划仍然不足以将全球温升限制在1.5℃内。根据联合国环境规划署（UNEP）发布的《2021年排放差距报告》（Emissions Gap Report 2021），即使各国履行现有承诺，到2030年全球温室气体排放量仍将比2019年高16%，而要实现1.5℃目标，则需要比2019年下降45%。因此，各国需要迅速采取更加雄心勃勃和具体可行的措施，加快减排进程。

● 发达国家对发展中国家提供资金、技术和能力建设支持的承诺和行动仍然不足。早在2009年哥本哈根气候大会和2010年坎昆气候大会时，发达国家承诺到2020年每年为帮助发展中国家应对气候问题而共同调动1 000亿美元资金，但发达国家从未真正兑现承诺。根据《2021年气候透明度报告》（Climate Transparency Report 2021），2019年发达国家向发展中国家提供的气候资金仅为790亿美元，而且其中只有21%用于适应措施。因此，发达国家需要加大力度、提高质量，兑现向发展中国家提供相关气候资金的承诺，保证其流向正在遭受损失和损害的国家。

● 全球气候治理体系仍然存在碎片化、臃肿化和低效化的问题。在全球气候政治谈判中，国际社会为构建一个综合监管机制而持续努力，但持续的规则创设及其合法化过程，也可能导致国际制度本身的"臃肿"，因而由治理体系间的分裂引发的碎片问题在所难免。例如，目前存在多个碳排放交易市场，但缺乏统一的标准和规则，导致交易成本增加、效率降低、公平性受损。因此，需要加强全球气候治理体系的协调和整合，避免重复和冲突，提高效率和效果。

3.焦点问题

在《巴黎协定》实施的背景下，各国面临着提高减排目标、落实资金承诺、加强适应能力建设、推动市场机制发展等多方面的挑战和机遇。以下从温室气体减排、气候融资、气候适应和碳市场四个方面分析全球气候变化谈判中的焦点问题。

（1）温室气体减排

温室气体减排是全球气候谈判的核心议题，也是解决气候危机的关键手段。尽管各国都承认减排的必要性和紧迫性，但在具体行动上还存在许多难点和挑战。不同国家在历史排放、当前排放、发展阶段、能力水平等方面存在差异，如何确定各自应承担的减排责任，是全球气候谈判中最核心也最敏感的问题。目前，国际社会对于减排责任分担的原则和方法还没有达成一致，存在以下几种主要观点：

●历史责任观点。这一观点认为，应该根据各国历史累积排放量来确定减排责任，即历史排放量越高，减排责任越大。这一观点符合"污染者付费"原则，体现了公平正义，主要得到发展中国家的支持。

●当前能力观点。这一观点认为，应该根据各国当前的经济发展水平和减排能力来确定减排责任，即经济发展水平越高，减排能力越强，减排责任越大。这一观点符合"能者多劳"原则，体现了效率优先，主要得到发达国家的支持。

●发展权利观点。这一观点认为，应该根据各国未来的发展需求和空间来确定减排责任，即发展需求越大，发展空间越小，减排责任越小。这一观点符合"共同但有区别的责任"原则，体现了发展优先，主要得到低收入国家的支持。

●环境容量观点。这一观点认为，应该根据全球环境容量来确定减排责任，即将温室气体环境容量作为公共资源或者公共产品，并探索采用排污权交易制度将经济发展外部性问题内部化，激励各国减排，实现减排目标。

这些不同的观点反映了各国在应对气候变化中的利益诉求和立场差异，在实践中难以调和和平衡。因此，在全球气候谈判中形成一个公平合理、合作共赢的减排责任分担机制是一项极具挑战性的任务。

此外，目前各国关于全球长期目标的范围（是否仅是减缓目标），以及是否和如何量化也有很大分歧。量化目标的表述有多种形式，比如2050年或2100年的减排幅度，实现零碳排放或碳中和的时间目标，以及实现100%可再生能源目标的时间表等。然而，中国等发展中大国认为，量化目标在政治上很难达成一致，因而更倾向于用绿色低碳转型等定性目标。此外，小岛屿国家和脆弱国家20国集团

（V20）等因为受到气候变化引起的海平面上升等严重影响，力推将全球温升控制在1.5℃的目标。截至目前，公约框架下各国都接受的是2℃的目标，预计温升控制目标也成为气候谈判争论的焦点之一。

（2）气候融资

气候融资对于帮助发展中国家实现低碳发展、提高气候适应能力、减少气候变化造成的损失和损害、促进绿色经济转型等具有重要意义。在全球气候谈判中，气候融资一直是一个焦点和难点问题，主要存在以下几方面的困难和挑战：

●资金规模不足。目前，全球气候融资总额远远不能满足各国应对气候变化的需求，尤其是发展中国家的需求。

●资金来源不稳定。目前，全球气候融资的主要来源是公共部门，包括发达国家政府、多边和双边开发机构等，但这些资金受到各国财政状况、政治意愿、国际关系等因素的影响，难以保持持续和稳定。私人部门虽然有巨大的潜力和优势，但由于市场机制不健全、风险收益比不合理、信息不透明等，还没有充分参与气候融资。

●资金分配不平衡。目前，全球气候融资中，减缓气候变化的资金占据绝大多数，而适应气候变化的资金占比很低。同时，气候融资在地区和国家之间也存在不均衡的现象，一些最需要气候融资的国家和地区往往难以获得足够的支持。

●资金使用效率不高。目前，全球气候融资还面临着项目开发能力不足、项目质量不高、监测评估机制不完善、成本效益分析缺乏等问题，导致气候融资的使用效率不高，难以充分发挥其对应对气候变化的促进作用。

（3）气候适应

气候适应是指为了减少气候变化对自然和人类系统造成的不利影响，而采取的各种调整措施。气候适应是应对气候变化的重要方面，也是全球气候谈判的核心议题之一。然而，在全球气候谈判中，气候适应面临着许多难点和挑战，主要包括以下几个方面：

●适应需求不明确。气候变化的不确定性和多样性，以及各国的自然条件、社会经济发展水平、适应能力和目标的差异，导致全球气候适应的需求难以量化和评估。同时，缺乏统一的适应指标和标准，以及有效的监测评估机制，导致全球气候适应的进展和效果难以衡量和比较。

●适应责任不清晰。由于气候变化是一个全球性问题，需要各国共同合作应对，但各国在历史责任、当前能力和未来义务方面存在分歧，导致全球气候适应的责任分担难以达成共识。同时，气候适应涉及多个部门、层级和利益相关者，导致全球气候适应的协调和沟通难以有效开展。

●适应资金不充足。根据联合国环境规划署（UNEP）的最新报告，预计发展中国家的气候适应成本是当前公共气候适应资金流的 5～10 倍，而且差距仍在扩大。同时，受新冠疫情的影响，许多国家在气候适应方面的财政支出受到限制，而且没有充分利用疫情后复苏机会来推进绿色和有弹性的发展。

（4）碳市场

碳市场是利用市场机制控制和减少温室气体排放的重要手段，也是推动全球经济绿色转型的有效途径。然而，全球气候谈判中碳市场的建设和运行仍然面临着诸多难点和挑战，需要各国加强合作和协调，共同寻求解决方案。

●碳市场的覆盖范围和参与主体不够广泛。目前，全球已建成的碳交易系统达 24 个，22 个国家和地区正在考虑或积极开发碳交易系统。然而，这些碳市场覆盖的行业、排放量和人口比例仍然有限，只占全球 16% 的排放量、近 1/3 的人口和 54% 的全球国内生产总值。一些发展中国家由于缺乏技术、资金和人力资源等条件，还没有建立或完善自己的碳市场。此外，一些碳市场只涉及国内或区域内的交易主体，缺乏跨境或跨区域的互联互通，难以形成统一的全球碳价格信号。

●碳市场的运行规则和监管机制不够完善。全球气候谈判中，《巴黎协定》第 6 条关于国际碳市场的实施细则谈判历经多年才最终完成。这一实施细则为未来的国际碳市场提供了法律基础和指导原则，但仍然需要各国根据自身情况制定具体的配额分配、交易监管、排放核算、信息披露等政策措施。同时，由于各国碳市场之间存在差异和不对称，如何避免重复计算、确保环境诚信、防范市场风险等问题仍然需要进一步探讨和协商。

●碳市场的效果和影响不够明显。碳市场的目标是通过碳定价促进低碳转型，但目前全球碳市场的价格水平普遍偏低，难以对企业产生足够的减排激励。根据国际能源署的估计，为了实现全球到2050年达到净零排放的目标，到2030年全球平均碳价格应达到75美元/吨。然而，目前欧盟、加州等主要碳市场的价格都在40美元/吨以下。此外，碳市场对经济社会发展的影响也需要充分考量和平衡。如何保证公平正义、减轻贫困、保护弱势群体等问题也需要引起重视。

●碳价的差异性、变异性和一致性问题仍待厘清。碳价的稳定性及其于各国和各市场间的差异性与变异性，一直是影响减排之成本有效性（cost effectiveness）、投资意愿、共同但有差别责任、贸易壁垒的重要因素。因此，碳市场价格的形成机制的相关议题仍旧甚为多元且复杂，尤其是交易市场与拍卖市场间的价格差异，各国碳价的差异及其贸易效果和碳泄漏等问题，均值得重视和深入研究。

二、碳达峰和碳中和概述

（一）碳达峰、碳中和、净零排放的差异

当许多国家都宣称将在2050年达到净零排放的目标之时，唯独我国宣告在2030碳达峰，2060年达碳中和，因此，本部分将分析碳达峰、碳中和及净零排放的异同点。

碳达峰是指某个地区或行业的年度温室气体排放量达到历史峰值，是温室气体由增转降的历史拐点，标志着经济发展由高耗能、高排放向清洁低能耗模式的转变。碳中和是指在一定时间内，人类活动直接和间接排放的碳总量与通过植树造林、工业固碳等吸收碳的碳总量相互抵消，实现碳"净零排放"。净零排放是指所有温室气体源的人为排放与汇的清除之间的平衡，也就是温室气体的排放量和吸收量相等。

碳达峰是碳中和和净零排放的前提和基础，只有先达到碳达峰，才能实现碳中和和净零排放。碳中和和净零排放是不同层面的目标，碳中和只针对二氧化碳这一种温室气体，而净零排放包括所有温室气体。碳中和是净零排放的一种方式，也就是通过增加碳汇来抵消剩余的碳排放，实现净零。但也有其他方式实现净零排放，

比如通过新技术将温室气体捕获、利用或封存。

(二) 碳达峰国家的特征

根据不同的发展阶段和能源结构,可以将已实现或承诺实现碳达峰、碳中和目标的国家分为三类:一类是发达国家,如英国、法国、德国等;一类是发展中国家,如巴西、南非、印度等;一类是小岛屿国家,如马尔代夫、斐济等。这三类国家的经济特征有以下几个方面。

1.经济特征

一是人均GDP和城镇化水平较高。已实现或承诺实现碳达峰、碳中和目标的发达国家和部分发展中国家,其人均GDP(以购买力平价计算)普遍在1万美元以上,城镇人口占总人口的比例普遍在60%以上。这表明这些国家已经完成了工业化和城市化进程,经济社会发展水平较高,能源需求增长趋缓或下降,为实现碳达峰、碳中和创造了条件。

二是第三产业占比较大。已实现或承诺实现碳达峰、碳中和目标的发达国家和部分发展中国家,其第三产业占GDP的比重普遍在50%以上。这表明这些国家已经形成了以服务业为主导的产业结构,服务业相对于制造业等第二产业而言,其能源消耗强度较低,碳排放强度较低,有利于降低整体的碳排放水平。

三是碳定价机制较为完善。已实现或承诺实现碳达峰、碳中和目标的发达国家和部分发展中国家,多数已经建立了碳交易市场或者征收了碳税。这表明这些国家已经利用市场机制和财税手段,对碳排放进行了定价和内部化,为实现碳达峰、碳中和提供了经济激励和约束。根据国际能源署的统计,截至2020年,全球已有61个国家或地区实施了碳定价机制,覆盖了全球约22%的碳排放量[1]。

2.社会特征

一是公众环保意识较强。已实现或承诺实现碳达峰、碳中和目标的发达国家和部分发展中国家,其公众对气候变化的关注度和参与度较高,支持政府采取措施减少温室气体排放,改善环境质量。这些国家的民间组织、企业、学术机构等也积极参与气候行动，推动低碳技术创新和应用，提供资金、人力等支持。例如，美国虽然退出了《巴黎协定》，但其多个州、市、企业和民间团体仍然坚持执行《巴黎协定》的目标，并成立了"我们仍在"联盟。

二是国际合作较为积极。已实现或承诺实现碳达峰、碳中和目标的发达国家和部分发展中国家，应在国际层面上积极参与气候治理，支持《联合国气候变化框架公约》及其《巴黎协定》等多边进程，履行自身在《巴黎协定》中承诺的国家自主贡献，向发展中国家提供资金、技术、能力建设等支持，推动全球气候治理的公平性、有效性和包容性。例如，日本于2020年10月宣布，将于2050年实现碳中和，并承诺向发展中国家提供绿色基础设施和低碳技术等支持。

3.能源特征

一是非化石能源消费比重较高。已实现或承诺实现碳达峰、碳中和目标的发达国家和部分发展中国家，其非化石能源消费比重普遍高于全球平均水平，尤其是可再生能源消费比重显著提高。这些国家通过制定清洁能源目标、提供政策支持和市场激励等措施，大力推动风电、太阳能、水电、生物质能等可再生能源的开发利用，促进能源结构优化升级。例如，英国于2019年宣布将于2050年实现碳中和，并制定了"清洁增长战略"，将可再生能源作为未来能源体系的核心 [2]。

二是煤炭消费比重较低。已实现或承诺实现碳达峰、碳中和目标的发达国家和部分发展中国家，其煤炭消费比重普遍低于全球平均水平，部分国家已经基本停止了煤炭在电力和供暖领域的使用。这些国家通过设定煤炭消费上限或减排目标、建立碳交易市场或征收碳税、提供清洁能源补贴或税收优惠等措施，加快推进煤炭消费替代和转型升级，降低经济社会发展对煤炭的依赖。例如，法国于2018年宣布将于2022年关闭所有燃煤电厂，并承诺将于2050年实现碳中和 [5]。

三是核电发展较为稳健。已实现或承诺实现碳达峰、碳中和目标的发达国家和部分发展中国家，其核电在能源结构中占有一定比重，并在保障安全的前提下有序发展核电。这些国家通过加强核电标准化、自主化和创新化，提升核电安全性和经济性，推动先进堆型示范工程和核能综合利用，增强核电的竞争力和社会认可度。

例如，德国于2019年宣布将于2038年实现碳中和，并计划在2022年之前逐步关闭所有核电站，但同时也支持欧盟其他国家发展核电[7]。

4.政策特征

一是制定明确的时间表和路线图。已实现或承诺实现碳达峰、碳中和目标的国家，都制定了具体的时间表和路线图，明确了中长期的减排目标和行动措施，为实现低碳转型提供了清晰的方向和路径。例如，英国于2019年通过《气候变化法案》，将2050年碳中和目标写入法律，并制定了六个五年期的"碳预算"，规定了每个时期的减排量[3]。

二是建立完善的政策体系。已实现或承诺实现碳达峰、碳中和目标的国家，都建立了涵盖各个领域、各个层级、各个环节的政策体系，包括立法规范、行政管理、市场机制、财税激励、科技创新等多种手段，形成了政策协同和合力。例如，法国于2015年通过《能源转型法案》，设定了2025年将核电比重降至50%、2030年将可再生能源比重提高至40%等具体目标，并建立了碳交易市场、能效证书制度、可再生能源补贴等多种市场机制[5]。

三是加强跨部门跨地区的协调合作。已实现或承诺实现碳达峰、碳中和目标的国家，都加强了跨部门跨地区的协调合作，形成了上下联动、内外协同的工作格局，充分调动各方面的积极性和主动性。例如，德国于2019年通过《气候行动计划》，设立了由总理领导的气候内阁，负责统筹协调各部委的减排工作，并与各州政府建立了气候联盟，共同推进能源转型[7]。

（三）"双碳"目标对3E+C+S的冲击

"双碳"目标的推动对宏观经济和微观经济所造成的影响，不仅是规划减排路径的必须加以考虑的问题，亦攸关环境保护与经济增长的兼容问题，对于绿色就业（green employment）、产业转型、能源安全、国家和产业竞争力更是不容忽视。关键在于如何选择并建置适合国情、政策特性、技术特性和产业特性的评估模型，据以衡量"双碳"目标对能源、经济和环境（3E）、竞争力（competitiveness，C）、和安全（security，S）的冲击。

（四）典型国家"碳中和"实现路线

1.英国

英国是世界上首个以法律形式明确中长期减排目标的国家，也是承诺实现2050年碳中和目标的发达国家之一。为了实现这一目标，英国制定了一系列的政策措施，推动能源转型、工业脱碳、交通绿色化等领域的低碳发展。本部分将重点介绍英国实现碳中和的路线图，以及其在能源、工业和交通等方面的具体举措。

英国碳中和行动计划路线图主要包括以下几个方面[2][3]（见图1-1）：

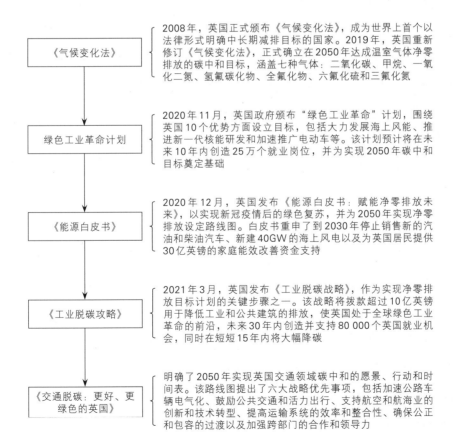

图1-1　英国碳中和行动计划路线图

（1）能源脱碳

能源是英国碳排放的主要来源之一，也是实现碳中和的关键领域。英国政府在能源转型方面采取了多项举措，包括：

● 发展清洁能源。英国政府大力推动风能、先进核能、太阳能和氢能等清洁能源的部署，旨在到2030年实现95%的电力来自低碳能源，到2035年实现电力系统的完全脱碳。具体措施包括：①到2030年实现海上风电装机达40GW，并为海上风电项目提供1.75亿英镑的市场竞争基金；②到2030年实现低碳氢能产能达5GW，并为氢能项目提供2.4亿英镑的资金支持；③继续推动大型核电项目，并与西泽韦尔C核电项目投资商进行对接，以达成最终投资决定；④到2024年10月逐步淘汰现有的煤炭发电厂。

● 建立碳排放交易系统。2021年1月1日，英国启动了《碳排放交易计划》，为工业制造业企业规定温室气体排放总量上限，并在2023年1月或最迟到2024年1月将排放上限对标2050年净零排放目标路径。英国的排放交易计划遵循"上限和交易"原则，对可以排放的某些温室气体总量设定上限，企业还可以通过二级市场交易碳排放配额。

● 推动碳捕获利用和储存技术。英国政府认为碳捕获利用和储存（CCUS）技术是实现净零排放不可或缺的手段之一，尤其对于难以脱碳的行业如水泥、钢铁等至关重要。英国政府计划到2030年大幅减少制造业企业二氧化碳排放，到2040年打造全球首个净零排放工业区。具体措施包括：①到2030年在英国东北和西北地区，提供10亿英镑进行4个CCUS项目的试点部署；②发布CCUS和氢能交付路线图，为行业提供明确的信号；③建立新的CCUS基金，为CCUS项目提供长期资金支持；④建立新的CCUS商业模式，为CCUS项目提供收入保障。

（2）工业脱碳

英国政府在工业脱碳方面采取了多项举措，包括：

● 制定《工业脱碳战略》。2021年3月，英国政府发布了《工业脱碳战略》，这是全球首个专门针对工业领域的碳中和路线图。该战略提出了六大战略优先事项，包括使用碳定价作为工具，使行业在商业和投资决策中考虑碳排放；建立正确的政策框架，以确保采用从化石燃料到氢、电或生物质等低碳替代品的工业燃料转换；建立有针对性的方法来减少碳泄漏，以达到政府的国内和全球气候目标，同时保持企业竞争力；制定新产品标准的提案，使制造商能够清楚地将其产品与高碳竞争对手区分开来；探索协调行动在公共采购上的作用，以创造对绿色工业产品的需求，帮助降低成本并允许更广阔的市场发展；使用名为"项目速度"的政府基础设施交付任务组，以确保土地规划制度适合建设低碳基础设施。

●拨款超10亿英镑支持低碳技术。为了落实《工业脱碳战略》，英国政府拨款超10亿英镑用于降低工业和公共建筑的排放，支持低碳技术的发展和应用。具体措施包括：①启动了1.71亿英镑9个绿色技术项目，以开展脱碳基础设施的工程和设计研究，例如CCUS和氢能；②启动了9.32亿英镑的公共部门脱碳计划资助低碳加热系统，例如热泵，以及能源效率措施，例如绝缘和LED照明；③启动了2.92亿英镑的工业能源转型基金（IETF），用于帮助高能耗行业如水泥、玻璃、化学品等提高能源效率和减少排放。

●引入新的规则和标准。为了监测和评估英国最大的商业和工业建筑的能源和碳排放绩效，英国政府引入了新的规则和标准。具体措施包括：①从2021年4月起，对所有大型商业和工业建筑实施能源性能和碳报告制度（EPCRS），要求每年向政府提交能源使用和碳排放的数据；②从2022年4月起，对所有大型商业和工业建筑实施碳减排标准（CRS），要求每年将碳排放降低一定比例，否则将面临罚款；③从2025年4月起，对所有大型商业和工业建筑实施最低能效标准（MEES），要求达到一定的能效等级，否则将被禁止出租或出售。

（3）交通脱碳

英国政府制定了《交通脱碳：更好、更绿色的英国》，明确了2050年实现英国交通领域碳中和的愿景、行动和时间表，这也是全球首个专门针对交通领域的碳中和路线图。为了落实这些战略优先事项，英国政府将采取一系列具体措施，例如：

●到2030年停止销售新的汽油和柴油汽车及货车，并在2035年之前实现所有新车零尾气排放；

●到2030年实现所有公交车零尾气排放，并在2025年之前为4 000辆公交车提供电气化资金支持；

●到2040年实现所有救护车、消防车和警车零尾气排放，并在2027年之前为至少4 000辆紧急服务车辆提供电气化资金支持；

●到2030年实现所有政府部门的车队零尾气排放，并在2027年之前为至少24 000辆政府部门车辆提供电气化资金支持；

●到2030年，在英国范围内建立至少6 000个快速或超快速充电桩，并在2022年之前为每个地方当局提供200万英镑的资金，用于在住宅区建立充电设施；

●到2030年，在所有主要道路上建立一个高质量的充电网络，并在2022年之前为高速公路服务区提供950万英镑的资金，用于安装1 500个超快速充电桩；

●到2035年，使至少50%的城市交通由公共交通、步行或骑自行车组成，并在2025年之前为活力出行提供20亿英镑的资金支持；

●到2050年，使所有国内航班达到净零排放，并在2021年之前为航空业提供3.15亿英镑的资金，用于开发清洁航空燃料和零排放飞机；到2050年，使所有国内航运达到净零排放，并在2021年之前为航海业提供2.05亿英镑的资金，用于开发清洁航运燃料和零排放船舶；

●到2050年，使铁路系统达到净零排放，并在2024年之前完成铁路电气化计划；

●到2050年，使货运运输达到净零排放，并在2021年之前为货运业提供2.03亿英镑的资金，用于开发清洁货运技术和模式；

●到2050年，使所有运输系统实现智能化、数字化和集成化。

2.瑞典

瑞典是全球最早提出并实施碳中和目标的国家之一，也是全球在可持续城市发展方面的领先者。为了应对气候变化的挑战，瑞典制定了一系列的政策、法律、计划和措施，涉及能源、工业、交通、建筑、农业等多个领域，动员了政府、企业、社会和个人的参与和支持。本节将重点介绍瑞典"碳中和"实现路线的主要内容和特点[4]。

（1）碳中和目标和法律

瑞典在2017年6月通过了《气候法》，成为全球首个以国内立法形式确立净零碳排放目标的国家。该法规定，瑞典将在2045年前实现碳中和，即使其温室气体排放量与其通过投资于国内外减排项目所抵消的量相等。该法还规定，瑞典将在2030年前将其温室气体排放量与1990年相比减少70%，并每四年制订新的气候行动计划，并接受议会的审查和监督。

（2）能源领域

能源是瑞典碳排放的主要来源之一，也是实现碳中和的关键领域。瑞典政府在能源转型方面采取了多项举措，包括：

●发展清洁能源。瑞典政府大力推动风能、水力、生物质、地热等可再生能源的部署，旨在到2040年实现电力系统的完全脱碳，并在2050年前实现所有能源系统的完全脱碳。具体措施包括：①到2030年实现风电装机达30GW，并为风电项目提供税收优惠；②到2040年实现水力装机达50GW，并为水利项目提供补贴；③到2030年实现生物质能源占总能源消费的40%，并为生物质项目提供资金支持；④到2030年实现地热能源占总能源消费的10%，并为地热项目提供技术支持。

●建立碳税制度。瑞典是全球最早对碳排放征税的国家之一，自1991年起就对化石燃料使用者征收碳税，以减少对化石燃料的依赖和消费。目前，瑞典的碳税水平已达到每吨二氧化碳排放约120欧元（约合人民币960元），是全球最高水平之一。该税收制度不仅有效地降低了瑞典的碳排放量，也为瑞典的清洁能源和低碳技术的发展和创新提供了强大的动力。

●推动碳捕获利用和储存技术。瑞典政府认为碳捕获利用和储存（CCUS）技术是实现碳中和不可或缺的手段之一，尤其对于难以脱碳的行业如水泥、钢铁等至关重要。瑞典政府计划到2030年在瑞典建立至少两个CCUS项目，并为CCUS项目提供资金和政策支持。具体措施包括：①成立了一个由政府、工业、学术和公民社会组成的CCUS协调委员会，负责制定CCUS发展战略和路线图；②设立了一个专门的CCUS基金，用于资助CCUS项目的前期研究、试验和示范；③制定了一个新的CCUS法律框架，用于规范CCUS项目的许可、监督和责任等方面。

（3）工业领域

瑞典政府在工业脱碳方面采取了多项举措，包括：

●制定《工业脱碳路线图》。瑞典政府与工业界合作，制定了22个行业领域的工业脱碳路线图，旨在为各行业提供清晰的目标和路径，以实现到2045年前净零排放。这些路线图涵盖了瑞典工业排放量的90%，包括钢铁、化学品、造纸、水泥等重点行业。这些路线图不仅分析了各行业目前的能源消费和排放情况，也提出了各行业未来需要采取的技术措施、投资需求、政策支持等。

●拨款超10亿欧元支持低碳技术。为了落实《工业脱碳路线图》，瑞典政府拨款超10亿欧元（约合人民币80亿元）用于支持低碳技术的发展和应用。具体措施包括：①设立了一个专门的工业创新基金，用于资助工业领域的创新项目，如电解水制氢、生物质气化、电弧炉等；②设立了一个专门的工业转型基金，用于资助工业领域的转型项目，如从化石燃料向可再生能源或氢能转换等；③设立了一个专门的工业效率基金，用于资助工业领域的效率提升项目，如节能改造、余热回收等。

●引入新的规则和标准。为了监测和评估瑞典工业领域的能源消费和碳排放绩效，瑞典政府引入了新的规则和标准。具体措施包括：①从2021年起，对所有工业企业实施能源审计制度，要求每四年进行一次能源审计，并向政府提交能源使用和碳排放的数据；②从2022年起，对所有工业企业实施碳减排标准，要求每年将碳排放降低一定比例，否则将面临罚款；③从2025年起，对所有工业企业实施最低能效标准，要求达到一定的能效等级，否则将被禁止生产或销售。

（4）交通领域

瑞典政府在交通脱碳方面采取了多项举措，包括：

●制定《交通脱碳战略》。瑞典政府在2018年发布了《交通脱碳战略》。该战略提出了三大战略目标，分别是到2030年实现国内运输系统的70%脱碳，到2040

年实现国际航空运输的50%脱碳，到2045年实现国际海运的40%脱碳。为实现这些目标，该战略提出了六大战略措施，包括推动电动化、使用可再生燃料、优化运输方式、提高运输效率、改变出行行为和加强国际合作。

●发展清洁交通工具。瑞典政府大力推动电动汽车、电动公交车、电动自行车等清洁交通工具的普及和使用，旨在到2030年实现新车销售中90%为零排放车辆，并在2050年前实现所有车辆为零排放车辆。具体措施包括：①设立了一个专门的电动汽车基金，用于资助电动汽车的购买和使用，如提供补贴、减税、免费停车等优惠；②设立了一个专门的电动公交车基金，用于资助电动公交车的采购和运营，如提供补贴、建设充电站等支持；③设立了一个专门的电动自行车基金，用于资助电动自行车的购买和使用，如提供补贴、建设自行车道等。

●建立碳税制度。瑞典政府除了对化石燃料使用者征收碳税外，还对航空旅客征收航空税，以减少航空运输的碳排放。该税收制度根据航班距离和目的地分为三个档次，分别是每位旅客60、250和400瑞典克朗（约合人民币48、200和320元）。该税收制度不仅有效地降低了瑞典的航空旅客的数量，也为瑞典的航空业和旅游业的转型和创新提供了动力。

●推动可再生燃料的使用。瑞典政府认为可再生燃料是实现交通脱碳的重要手段之一，尤其对于难以电动化的运输方式如航空、海运等至关重要。瑞典政府计划到2030年实现交通领域的可再生燃料占比达到28%，并在2050年前实现交通领域的可再生燃料占比达到100%。具体措施包括：①设立了一个专门的可再生燃料基金，用于资助可再生燃料的生产和使用，如提供补贴、减税、建设加油站等支持；②制定了一个新的可再生燃料法律框架，用于规范可再生燃料的质量、安全和监督等方面。

（5）建筑领域

瑞典政府在建筑脱碳方面采取了多项举措，包括：

●制定《建筑脱碳战略》。瑞典政府在2018年发布了《建筑脱碳战略》，作为全球首个专门针对建筑领域的碳中和路线图。该战略提出了三大战略目标，分别是到2030年实现新建筑的能耗降低50%，到2040年实现现有建筑的能耗降低50%，到2045年实现建筑领域的净零排放。为实现这些目标，该战略提出了五大战略措施，包括推动节能改造、使用可再生能源、优化建筑设计、提高建筑材料效率、加强国际合作。

●发展清洁建筑技术。瑞典政府大力推动清洁建筑技术的发展和应用，旨在提高建筑领域的能效和环保性能，并减少建筑过程中的碳排放。具体措施包括：①设立了一个专门的清洁建筑基金，用于资助清洁建筑技术的研发和推广，如提供补贴、减税、技术支持等优惠；②设立了一个专门的清洁建筑中心，用于促进清洁建筑技术的交流和合作，如组织论坛、展览、培训等活动；③设立了一个专门的清洁建筑奖，用于表彰清洁建筑技术的创新和应用，如颁发奖金、证书、荣誉等奖励。

●建立碳税制度。对建筑材料征收碳税，以减少建筑材料的碳足迹。该税收制度根据建筑材料的碳排放强度分为三个档次，分别是每吨二氧化碳排放约20、40和60欧元（约合人民币160、320和480元）。该税收制度不仅有效地降低了瑞典的建筑材料的消费量，也为瑞典的低碳建筑材料的发展和创新提供了动力。

（6）农业领域

瑞典政府在农业脱碳方面采取了多项举措，包括：

●制定《农业脱碳战略》。瑞典政府在2019年发布了《农业脱碳战略》，作为全球首个专门针对农业领域的碳中和路线图。该战略提出了三大战略目标，分别是到2030年实现农业领域的温室气体排放降低40%，到2040年实现农业领域的温室气体排放降低70%，到2045年实现农业领域的净零排放。为实现这些目标，该战略提出了四大战略措施，包括推动有机农业、使用可再生能源、优化土地利用、提高食品利用率。

●发展清洁农业技术。瑞典政府大力推动清洁农业技术的发展和应用，旨在提高农业领域的生产效率和环境友好性，并减少农业过程中的碳排放。具体措施包括：①设立了一个专门的清洁农业基金，用于资助清洁农业技术的研发和推广，如提供补贴、减税、技术支持等优惠；②设立了一个专门的清洁农业中心，用于促进清洁农业技术的交流和合作，如组织论坛、展览、培训等活动；③设立了一个专门的清洁农业奖，用于表彰清洁农业技术的创新和应用，如颁发奖金、证书、荣誉等奖励。

●建立碳税制度。对肉类征收碳税，以减少肉类生产和消费对环境的影响。该税收制度根据肉类的碳排放强度分为三个档次，分别是每公斤二氧化碳排放约1、2和3欧元（约合人民币8、16和24元）。该税收制度不仅有效地降低了瑞典的肉类消费量，也为瑞典的植物性食品和替代性食品的发展和创新提供了动力。

3. 法国

法国是《巴黎协定》的主要推动者和参与者，也是欧盟内部的生态领导者。法国在2015年首次提出"国家低碳战略"，正式建立碳预算制度，并在2018—2019年修订了2050年温室气体排放减量目标，从原来比1990年减少75%，改为"碳中和"目标。2020年4月，法国政府以法令形式正式通过该预算，并制定了相应的时间表、路线图和施工图。

根据法国政府的规划，法国将在2030年前将温室气体排放量比1990年减少40%，在2040年前将化石能源消费比2012年减少50%，在2050年前实现碳中和。为了达到这些目标，法国将采取以下主要措施[5]：

●逐步淘汰煤炭、石油等高碳能源，发展清洁可再生能源，如风力、太阳能、水力、地热等，并提高能源效率和节约能源消费。法国计划在2022年前关闭所有燃煤发电厂，在2035年前将可再生能源占电力总量的比例提高到50%。

●优化交通运输系统，推广低碳出行方式，如公共交通、自行车、步行等，并发展电动汽车、氢能汽车等清洁汽车。法国计划在2030年前将新车二氧化碳排放量比2020年减少40%，在2040年前禁止销售燃油汽车。

●改善建筑物的节能性能，提高建筑物的隔热效果和空调效率，并使用可再生能源供暖和制冷。法国计划在2025年前将所有公共建筑改造成低能耗建筑，在2050年前将所有住宅建筑改造成近零能耗建筑。

●发展循环经济，促进资源的再利用和再生产，并减少废弃物的产生和处理。

法国计划在2025年前将废弃物填埋量比2010年减少50%，在2030年前将可回收物料回收率提高到100%。

●增加森林面积和植被覆盖率，提高土壤有机质含量，增强自然系统的碳汇功能，并保护生物多样性。法国计划在2030年前将森林面积比2015年增加15%，并在2050年前将农业土壤的有机质含量提高到4%。

●推进碳捕集与封存技术的研发和应用，将工业、能源等部门的碳排放进行捕集、利用或封存，减少对大气的影响。法国计划在2030年前建立10个碳捕集与封存示范项目，并在2050年前将碳捕集与封存技术的应用规模扩大到每年1 000万吨。

●加强国际合作和交流，支持发展中国家和最不发达国家实现低碳发展，提供资金、技术和能力建设等方面的援助，并参与全球碳市场的建设和运行。法国承诺在2025年前每年向发展中国家提供60亿欧元的气候援助，并在2030年前将这一数字提高到100亿欧元。

4.新西兰

新西兰是《巴黎协定》的签署方和参与者，也是大洋洲唯一的强制性碳排放权交易市场。新西兰在2019年通过了《零碳法案》，正式确定了2050年实现碳中和的目标，并在2020年12月宣布国家进入气候紧急状态，承诺2025年公共部门将实现碳中和。

根据新西兰政府的规划，新西兰将在2030年前将温室气体排放量比2005年减少30%，并在2050年前实现碳中和。为了达到这些目标，新西兰将采取以下主要措施[6]：

●改革碳交易体系，通过设定碳配额总量、引入碳配额拍卖、逐步降低免费分配比例、开发新的碳配额价格控制机制等方式，提高碳市场的效率和激励作用。

●逐步淘汰煤炭、石油等高碳能源，发展清洁可再生能源，如风力、太阳能、水力、地热等，并提高能源效率和节约能源消费。新西兰计划在2022年前关闭所有燃煤发电厂，在2035年前将可再生能源占电力总量的比例提高到100%。

●优化交通运输系统，推广低碳出行方式，如公共交通、自行车、步行等，并发展电动汽车、氢能汽车等清洁汽车。新西兰计划在2030年前将新车二氧化碳排放量比2018年减少40%，在2035年前禁止销售燃油汽车。

●改善建筑物的节能性能，提高建筑物的隔热效果和空调效率，并使用可再生能源供暖和制冷。新西兰计划在2025年前将所有公共建筑改造成低能耗建筑，在2050年前将所有住宅建筑改造成近零能耗建筑。

●发展循环经济，促进资源的再利用和再生产，并减少废弃物的产生和处理。新西兰计划在2025年前将废弃物填埋量比2017年减少50%，在2030年前将可回收物料回收率提高到60%。

●增加森林面积和植被覆盖率，提高土壤有机质含量，增强自然系统的碳汇功能，并保护生物多样性。新西兰计划在2025年前将森林面积比2017年增加20%，并在2050年前将农业土壤的有机质含量提高到5%。

●将农业排放纳入碳定价机制，通过技术创新、管理改进、结构调整等方式，降低农业部门的温室气体排放，特别是甲烷排放。新西兰计划在2025年前将农业排放纳入碳交易体系，并在2030年前将农业甲烷排放量比2017年降低10%，在2050年前降低24%~47%。

●推进碳捕集与封存技术的研发和应用，将工业、能源等部门的碳排放进行捕集、利用或封存，减少对大气的影响。新西兰计划在2030年前建立5个碳捕集与封存示范项目，并在2050年前将碳捕集与封存技术的应用规模扩大到每年500万吨。

●加强国际合作和交流，支持发展中国家和最不发达国家实现低碳发展，提供资金、技术和能力建设等方面的援助，并参与全球碳市场的建设和运行。新西兰承诺在2025年前每年向发展中国家提供15亿纽元（约合人民币70亿元）的气候援助，并在2030年前将这一数字提高到20亿纽元（约合人民币93亿元）。

5.德国

德国是全球最积极实施能源转型的国家，1990年就实现了碳达峰，并且从2000年至2019年，德国的碳排放强度从8.544亿吨降到6.838亿吨，降幅近20%。

其可再生能源也在不断增长，煤炭消费量在下降，每年下降约 1.4%。德国在 2019 年通过了《气候保护法》，正式确定了 2050 年实现碳中和的目标，并在 2021 年 5 月修订了该法律，将目标提前到 2045 年，并提高了 2030 年的减排目标。

根据德国政府的规划，德国将在 2030 年前将温室气体排放量比 1990 年减少 65%，并在 2045 年前实现碳中和。为了达到这些目标，德国将采取以下主要措施[7]：

● 改革碳交易体系，通过设定碳配额总量、引入碳配额拍卖、逐步降低免费分配比例、开发新的碳配额价格控制机制等方式，提高碳市场的效率和激励作用。

● 逐步淘汰煤炭、石油等高碳能源，发展清洁可再生能源，如风力、太阳能、水力、地热等，并提高能源效率和节约能源消费。德国计划在 2022 年前关闭所有燃煤发电厂，在 2035 年前将可再生能源占电力总量的比例提高到 100%。

● 优化交通运输系统，推广低碳出行方式，如公共交通、自行车、步行等，并发展电动汽车、氢能汽车等清洁汽车。德国计划在 2030 年前将新车二氧化碳排放量比 2018 年减少 40%，在 2035 年前禁止销售燃油汽车。

● 改善建筑物的节能性能，提高建筑物的隔热效果和空调效率，并使用可再生能源供暖和制冷。德国计划在 2025 年前将所有公共建筑改造成低能耗建筑，在 2050 年前将所有住宅建筑改造成近零能耗建筑。

● 发展循环经济，促进资源的再利用和再生产，并减少废弃物的产生和处理。德国计划在 2025 年前废弃物填埋量比 2017 年减少 50%，在 2030 年前将可回收物料回收率提高到 60%。

● 增加森林面积和植被覆盖率，提高土壤有机质含量，增强自然系统的碳汇功能，并保护生物多样性。德国计划在 2025 年前森林面积比 2017 年增加 20%，并在 2050 年前将农业土壤的有机质含量提高到 5%。

● 将农业排放纳入碳定价机制，通过技术创新、管理改进、结构调整等方式，降低农业部门的温室气体排放，特别是甲烷排放。德国计划在 2025 年前将农业排放纳入碳交易体系，并在 2030 年前将农业甲烷排放量比 2017 年降低 10%，在 2050

年前降低24%~47%。

●推进碳捕集与封存技术的研发和应用，将工业、能源等部门的碳排放进行捕集、利用或封存，减少对大气的影响。德国计划在2030年前建立5个碳捕集与封存示范项目，并在2050年前将碳捕集与封存技术的应用规模扩大到每年500万吨。

●加强国际合作和交流，支持发展中国家和最不发达国家实现低碳发展，提供资金、技术和能力建设等方面的援助，并参与全球碳市场的建设和运行。德国承诺在2025年前每年向发展中国家提供40亿欧元（约合人民币320亿元）的气候援助，并在2030年前将这一数字提高到60亿欧元（约合人民币480亿元）。

三、中国担当与行动

（一）中国与国际气候变化谈判

中国始终是联合国气候变化谈判的重要参与者，但是在不同时期，中国扮演的角色和发挥的作用是不断变化的。基于中国在国际气候变化谈判中政策立场的变化、国内应对气候变化行动的变化以及国际气候变化谈判进程的变化三个指标，本书将中国参与联合国气候变化谈判30年的历史进程和角色变迁大致划分为三个阶段[8]。

1.第一阶段：积极参与者

积极认真参加联合国气候变化谈判。在20世纪80年代末，当全球开始筹备国际气候变化公约谈判时，中国也开始认真准备。1990年2月，中国成立了国家气候变化协调小组，由18个单位的领导组成，由时任国务委员宋健担任组长。小组下设四个工作组，负责科学评价、影响评价、对策和国际公约。外交部条约法律司牵头负责国际气候公约的谈判。

在参加谈判初期，中国认为气候变化问题会影响能源生产结构的调整与改造，并可能影响中国经济发展。但是，应对气候变化是全球共同利益之所在，因此中国应该积极参与国际气候谈判。基于这一思路，协调小组通过了中国关于气候变化公约谈判的基本立场，为中国参与公约谈判奠定了良好基础。在公约谈判中，中国代表团依托"77国集团+中国"，积极维护发展中国家的利益。

积极维护中国和其他发展中国家的发展权益。在联合国气候变化谈判中，温室气体减排责任分担一直是核心问题和谈判焦点。中国在这一时期的核心诉求之一是维护中国和其他发展中国家的基本发展权益，争取尽可能多的排放权和发展空间，不承担量化减排义务。为此，中国在谈判中积极而坚决地维护这一基本立场。

在《联合国气候变化框架公约》谈判中，中国的基本立场是先制定关于《联合国气候变化框架公约》的原则，然后在此基础上谈判继而签订有关的议定书或附件。中国强调发达国家应当为全球气候变化负主要责任，并向发展中国家提供必要的资金和技术。此外，保护全球气候的措施应基于公平的原则，保证发展中国家合理的能源消耗，不应损害发展中国家的发展权益。这些立场在《联合国气候变化框架公约》中得到了基本体现。

值得一提的是，在中国代表团提交的《关于气候变化的国际公约》条款草案第二条一般原则中，包括"各国在对付气候变化问题上具有共同但又有区别的责任"。这与后来《联合国气候变化框架公约》中的"共同但有区别的责任"原则几乎相同。

中国积极展开国内的节能减排行动。在1992年联合国环境与发展大会召开后，中国政府迅速组织制定了《中国21世纪议程—中国21世纪人口、环境与发展白皮书》，并采取了一系列政策措施来减缓全球气候变化。这些措施包括积极调整经济结构，推进技术进步，提高能源利用效率；大力发展低碳能源和可再生能源，改善能源结构；持续开展植树造林，加强生态建设和保护，使全国森林覆盖率稳步增长。这些措施为减缓全球气候变化做出了积极贡献。

2.第二阶段：积极贡献者

2007年是一个重要的转折点，标志着中国在国际气候变化谈判中的角色从积极参与者转变为积极贡献者。这一年，全球发生了许多重大的气候事件，被称为

"国际气候年"。联合国政府间气候变化专门委员会发布了第四次评估报告,备受瞩目的联合国巴厘气候大会举行,联合国安理会就能源、安全与气候变化之间的关系展开辩论。气候变化对全球安全与发展的意义开始凸显,并受到越来越多人的重视。

在这一背景下,中国在气候变化领域采取了一系列开创性的政策举措。这些举措体现了中国在应对气候变化问题上的积极态度和奉献精神。

建立健全应对气候变化的职能机构和工作机制。为了更好地参与国际气候变化谈判,中国不断加强制度和机构建设。2007年,中国成立了国家应对气候变化及节能减排工作领导小组,以推进应对气候变化和节能减排工作。同年9月,外交部成立了应对气候变化对外工作领导小组,并设立了气候变化谈判特别代表。2008年,在国家机构改革中,国家发展和改革委员会设立了应对气候变化司。这些举措有助于加强中国在国际气候变化谈判中的参与力度。

积极推进联合国气候变化谈判进程。2007年是中国在国际气候变化谈判中角色转变的重要一年。在巴厘气候大会上,中国代表团为达成"巴厘路线图"做出了重要贡献。中国代表团强调了谈判目的的重要性,坚持共同但有区别的责任原则,并强调"减缓""适应""技术""资金"四个方面应该独立并行。中国代表团还特别强调了"技术"和"资金"两大议题在帮助发展中国家应对气候变化方面的极端重要性。在筹备2009年哥本哈根气候大会期间,中国起草了关于哥本哈根会议成果的中国案文,使中国获得了更大的主动权。在谈判面临失败的最后关头,中国积极利用"基础四国"协调机制,促成《哥本哈根协议》,为哥本哈根谈判取得成果发挥了关键作用。2012年的多哈气候大会是国际气候变化谈判进程中承前启后的一次重要会议。在会议面临失败的危急时刻,中国代表团密集开展外交斡旋,积极引导谈判走向,并应会议主席请求积极对相关国家做工作。在会议最后时刻,中国代表团推动会议主席和秘书处采用一揽子方式通过会议成果,为多哈会议取得积极成果做出了重要贡献。

3.第三阶段：积极引领者

2015年12月12日，《公约》第二十一次缔约方大会在法国达成《巴黎协定》。《巴黎协定》是全球气候治理进程的重要里程碑，标志着2020年后的全球气候治理进入一个前所未有的新阶段。巴黎气候大会的成功举办标志着中国的角色转变——在全球气候治理中，中国从积极贡献者转向积极引领者。

积极贡献全球气候治理的中国理念。中国在国际气候谈判中的观点日益受到各缔约方的欢迎和重视。中国积极提出，应对气候变化要坚持人类命运共同体和生态文明的理念，倡导构建人与自然生命共同体，坚持共同但有区别的责任原则，坚持气候公平正义，维护发展中国家的基本权益。在国家主席习近平的多次讲话中，他都强调了构建人类命运共同体、坚持人类命运共同体和生态文明的理念、推动建设人类命运共同体等方面。2020年9月30日，习近平在联合国生物多样性峰会上强调，中国将继续作出艰苦卓绝努力，提高国家自主贡献力度，采取更加有力的政策和措施，力争于2030年前达到二氧化碳排放峰值，并努力争取2060年前实现碳中和。

在谈判的关键议题上发挥关键作用。自2017年以来，全球气候治理进程面临着严峻挑战，因为美国宣布退出《巴黎协定》。在这种情况下，国际社会的目光聚焦中国。中国国家主席习近平多次在重要外交场合表明，中国坚持《巴黎协定》，并将百分之百承担国际义务。中国的积极立场和行动增强了国际社会的信心。同时，中国与欧盟、加拿大联合建立了"气候行动部长级会议"机制，连续三年召开经济大国和各谈判集团主席国部长级会议，从政治和政策层面化解谈判中的主要分歧，推动多边进程。在中国的斡旋下，2018年底，《巴黎协定》实施细则如期达成。这些举措表明，尽管美国宣布退出《巴黎协定》，但国际气候变化谈判进程并未停滞。

进一步加大应对气候变化的行动力度。近年来，中国采取了前所未有的强有力措施应对气候变化，成功扭转了二氧化碳排放快速增长的趋势。截至2019年底，中国的碳强度比2015年下降了18.2%，已提前完成"十三五"约束性目标任务。与

2005 年相比，碳强度降低了约 48.1%，非化石能源占能源消费的比重达到了 15.3%，中国向国际社会承诺的 2020 年目标均提前完成。经测算，这相当于减少二氧化碳排放约 56.2 亿吨，减少二氧化硫排放约 1 192 万吨，减少氮氧化物排放约 1 130 万吨。这些成果在国际上起到了良好的示范引领作用。2020 年 9 月，国家主席习近平在第 75 届联合国大会一般性辩论中宣布了"二氧化碳排放力争于 2030 年前达到峰值，努力争取 2060 年前实现碳中和"的目标。这意味着中国将完成全球最高碳排放强度降幅，并用全球历史上最短的时间实现从碳达峰到碳中和的目标。习近平主席的宣示为落实《巴黎协定》、推动全球气候治理进程和疫情后绿色复苏注入了强大政治推动力，并得到国际社会广泛赞誉。

加大对外气候援助。中国一直致力于在气候变化领域帮助发展中国家。自 2007 年以来，中国通过"一带一路"倡议、南南合作等机制，帮助发展中国家建设了许多清洁能源项目。例如，中国支持肯尼亚建设的加里萨光伏发电站每年可减少 6.4 万吨二氧化碳排放。中国援助斐济建设的小水电站为当地提供了清洁稳定、价格低廉的能源，每年斐济可节省约 600 万元人民币的柴油进口费用。2013—2018 年，中国共在发展中国家建设应对气候变化成套项目 13 个。2015 年，中国宣布设立气候变化南南合作基金，在发展中国家开展"十百千"项目。迄今，中国已与 34 个国家开展了合作项目。例如，中国帮助老挝、埃塞俄比亚等国制定相关发展规划，加快绿色低碳转型。此外，中国向缅甸等国赠送太阳能户用发电系统和清洁炉灶，既降低了碳排放又有效保护了森林资源。2013—2018 年，中国举办了 200 余期以气候变化和生态环保为主题的研修项目，在学历学位项目中设置环境管理与可持续发展等专业，已经为有关国家培训了 5 000 余名人员。

（二）碳达峰碳中和的中国担当

2020 年 9 月，中国正式宣布将提高国家自主贡献力度，采取更加有力的政策和措施，二氧化碳排放力争于 2030 年前达到峰值，努力争取 2060 年前实现碳中和。这一目标体现了中国作为一个负责任大国对全球气候治理的积极态度，也展现了中国对未来经济社会发展的新愿景。本节将从以下两个方面分析碳达峰和碳中和的中国担当[9]：

1.中国"双碳"目标的意义与挑战

中国提出的"双碳"目标具有重大的国际意义和国内意义。在国际层面，中国作为全球最大的发展中国家和温室气体排放国，承担了超出其发展阶段和责任能力的减排承诺，为全球气候治理树立了榜样，为推动《巴黎协定》有效落实提供了强有力的支持。在国内层面，中国实现"双碳"目标将有利于促进经济社会高质量发展，加快能源结构优化和能源革命进程，提高生态环境质量和人民生活水平，增强国家综合实力和国际竞争力。

同时，中国实现"双碳"目标也面临着巨大的挑战。首先，时间窗口紧迫。根据科学研究，为了控制全球升温在2℃以内，全球需要在2050年前实现碳中和。而中国作为一个正在进行工业化、城镇化、信息化等多重发展的国家，在2030年前实现碳达峰、2060年前实现碳中和，相当于把发达国家用了60年甚至更长时间完成的任务压缩到30年内完成。这意味着中国需要在短期内实现经济社会系统性转型，并承担较高的转型成本。其次，结构性矛盾突出。中国目前仍然是一个以工业为主导、以煤炭为主体的能源消费大国，在能源供给侧和需求侧都存在着较大的惯性和锁定效应。如何在保障能源安全、经济稳定、社会公平等多重目标下，实现能源结构从高碳向低碳、从化石向非化石、从分散向集中、从低效向高效的转变，是一个复杂而艰巨的任务。再次，技术创新不足。虽然中国在可再生能源、电动汽车、智慧电网等领域已经取得了一定的技术进步和市场份额，但在碳捕集与封存、氢能、碳中和评估等关键技术领域仍然存在较大的差距和不确定性。如何加强技术创新和国际合作，提高技术的成熟度和可靠性，降低技术的成本和风险，是实现"双碳"目标的重要保障。

2.中国"双碳"目标的路径与措施

为了实现"双碳"目标，中国需要制定清晰的路径和措施，以确保各个阶段的目标落实。根据国家发展改革委等部门的研究，中国"双碳"目标的路径可以分为三个阶段：第一阶段（2021—2025年），是控制碳排放增量、促进能源转型的关键时期；第二阶段（2026—2035年），是实现碳排放快速下降、加速低碳发展的突破时期；第三阶段（2036—2060年），是实现碳排放持续减少、建设生态文明的完善时期。在这三个阶段中，需要采取以下主要措施：

●加快能源结构优化和能源革命进程。能源活动是中国温室气体排放的主要来源，占比超过80%。具体措施包括：大力发展非化石能源、逐步淘汰煤炭等高碳能源、提高能源效率和节约能源消费。

●推动重点行业和领域实现碳达峰和碳中和。根据碳排放的来源和特点，可以将中国的重点行业和领域分为以下八个类别：电力、钢铁、水泥、有色金属、石油化工、煤化工、交通、建筑。这八个类别的碳排放占比较大，合计约占90%以上。因此，推动这些行业和领域实现碳达峰和碳中和，是实现"双碳"目标的关键。

●加强碳汇和碳移除技术的开发和利用。具体措施包括：加强森林和草原等生态系统的保护和恢复，提高碳汇能力。加快碳捕集与封存等碳移除技术的研发和示范，提高碳移除效率。

●构建全社会参与的低碳治理体系。实现"双碳"目标需要全社会的共同努力和参与。因此，需要构建一个包括政府、企业、公众等多方主体在内的低碳治理体系，形成一个协调一致、各司其职、相互配合、相互促进的低碳治理格局。

第二章 中国双碳之路

一、积极稳妥推进碳达峰碳中和

（一）2030年前碳达峰行动方案解读

国务院于2021年印发了《2030年前碳达峰行动方案》（以下简称《方案》）。《方案》围绕贯彻落实党中央、国务院关于碳达峰碳中和的重大战略决策，按照《中共中央 国务院关于完整准确全面贯彻新发展理念做好碳达峰碳中和工作的意见》（以下简称《意见》）工作要求，聚焦2030年前碳达峰目标，对推进碳达峰工作作出了总体部署。以下内容将会对《方案》中的焦点，如：重点实施"碳达峰十大行动"、构建碳达峰碳中和"1+N"政策体系等一系列问题进行深度解读。

1.《方案》出台背景

碳达峰，指二氧化碳排放量达到历史最高值，经历平台期后持续下降的过程，是二氧化碳排放量由增转降的历史拐点。实现碳达峰意味着一个国家或地区的经济社会发展与二氧化碳排放实现"脱钩"，即经济增长不再以增加碳排放为代价。因此，碳达峰被认为是一个经济体绿色低碳转型过程中的标志性事件。

为贯彻落实党中央、国务院决策部署，落实《意见》要求，国家发展改革委会同有关部门研究制订了方案，经党中央审议通过，由国务院印发实施。

2.《方案》的主要目标

方案聚焦"十四五"和"十五五"两个碳达峰关键期，提出了提高非化石能源消费比重、提升能源利用效率、降低二氧化碳排放水平等主要目标，具体如下：

●到2025年，非化石能源消费比重达到20%左右，单位国内生产总值能源消耗比 2020 年下降 13.5%，单位国内生产总值二氧化碳排放比 2020 年下降 18%，为实现碳达峰奠定坚实基础。

● 到 2030 年，非化石能源消费比重达到 25% 左右，单位国内生产总值二氧化碳排放比 2005 年下降 65% 以上，顺利实现 2030 年前碳达峰目标。

值得注意的是，主要发达经济体均已实现碳达峰，欧盟早在 20 世纪 70 年代即实现碳达峰，美、日分别于 2007 年、2013 年实现碳达峰，且都是随着发展阶段演进和高碳产业转移实现"自然达峰"。作为制造业大国，中国人均碳排放不及美国一半，人均历史累计排放量更是仅有美国的 1/8。作为最大发展中国家，我国工业化、城镇化还在深入发展，发展经济和改善民生的任务还很重，能源消费仍将保持刚性增长。中国的碳达峰、碳中和目标，完全符合《巴黎协定》目标要求，体现了最大的雄心力度。中国的碳达峰行动，将完成碳排放强度全球最大降幅，并为之付出艰苦卓绝的努力。

3. 重要任务

《方案》提出，将碳达峰贯穿于经济社会发展全过程和各方面，重点实施"碳达峰十大行动"。具体内容如表 2-1 所示。

表 2-1　　　　　　　　　　《方案》的碳达峰十大行动

序号	行动名称	具体措施
（一）	能源绿色低碳转型行动	– 推进煤炭消费替代和转型升级 – 大力发展新能源 – 因地制宜开发水电 – 积极安全有序发展核电 – 合理调控油气消费 – 加快建设新型电力系统
（二）	节能降碳增效行动	– 全面提升节能管理能力 – 实施节能降碳重点工程 – 推进重点用能设备节能增效 – 加强新型基础设施节能降碳

续表

序号	行动名称	具体措施
（三）	工业领域碳达峰行动	– 推动工业领域绿色低碳发展 – 推动钢铁行业碳达峰 – 推动有色金属行业碳达峰 – 推动建材行业碳达峰 – 推动石化化工行业碳达峰 – 坚决遏制"两高"项目盲目发展
（四）	城乡建设碳达峰行动	– 推动城乡建设绿色低碳转型 – 加快提升建筑能效水平 – 加快优化建筑用能结构 – 推进农村建设和用能低碳转型
（五）	交通运输绿色低碳行动	– 推动运输工具装备低碳转型 – 构建绿色高效交通运输体系 – 加快绿色交通基础设施建设
（六）	循环经济助力降碳行动	– 推进产业园区循环化发展 – 加强大宗固废综合利用 – 健全资源循环利用体系 – 大力推进生活垃圾减量化资源化
（七）	绿色低碳科技创新行动	– 完善创新体制机制 – 加强创新能力建设和人才培养 – 强化应用基础研究 – 加快先进适用技术研发和推广应用
（八）	碳汇能力巩固提升行动	– 巩固生态系统固碳作用 – 提升生态系统碳汇能力 – 加强生态系统碳汇基础支撑 – 推进农业农村减排固碳
（九）	绿色低碳全民行动	– 加强生态文明宣传教育 – 推广绿色低碳生活方式 – 引导企业履行社会责任 – 强化领导干部培训
（十）	各地区梯次有序碳达峰行动	– 科学合理确定有序达峰目标 – 因地制宜推进绿色低碳发展 – 上下联动制订地方达峰方案 – 组织开展碳达峰试点建设

4.方案定位

《意见》与《方案》共同构成贯穿碳达峰、碳中和两个阶段的顶层设计。两者作为"1+N"政策体系中的"1"，是管总体管长远的，发挥统领作用。其中《意见》提出10方面31项重点任务（详见表2-2），《方案》确定了碳达峰十大行动，明确了碳达峰碳中和工作的路线图、施工图。后续的"N"将包括能源、工业、交通运输、城乡建设等分领域分行业碳达峰实施方案，以及科技支撑、能源保障、碳汇能力、财政金融、价格政策、标准计量体系等保障方案。

表2-2 《意见》的10方面31项重点任务

序号	行动名称	具体措施
（一）	推进经济社会发展全面绿色转型	- 强化绿色低碳发展规划引领 - 优化绿色低碳发展区域布局 - 加快形成绿色生产生活方式
（二）	深度调整产业结构	- 推动产业结构优化升级 - 坚决遏制高耗能高排放项目盲目发展 - 大力发展绿色低碳产业
（三）	加快构建清洁低碳安全高效能源体系	- 强化能源消费强度和总量双控 - 大幅提升能源利用效率 - 严格控制化石能源消费 - 积极发展非化石能源 - 深化能源体制机制改革
（四）	加快推进低碳交通运输体系建设	- 优化交通运输结构 - 推广节能低碳型交通工具 - 积极引导低碳出行
（五）	提升城乡建设绿色低碳发展质量	- 推进城乡建设和管理模式低碳转型 - 大力发展节能低碳建筑 - 加快优化建筑用能结构
（六）	加强绿色低碳重大科技攻关和推广应用	- 强化基础研究和前沿技术布局 - 加快先进适用技术研发和推广
（七）	持续巩固提升碳汇能力	- 巩固生态系统碳汇能力 - 提升生态系统碳汇增量
（八）	提高对外开放绿色低碳发展水平	- 加快建立绿色贸易体系 - 推进绿色"一带一路"建设，加快"一带一路"投资合作绿色转型 - 加强国际交流与合作

续表

序号	行动名称	具体措施
(九)	健全法律法规标准和统计监测体系	– 健全法律法规 – 完善标准计量体系 – 提升统计监测能力
(十)	完善政策机制	– 完善投资政策 – 积极发展绿色金融 – 完善财税价格政策 – 推进市场化机制建设

《方案》作为碳达峰阶段的总体部署，在目标、原则、方向等方面与《意见》保持有机衔接的同时，更加聚焦2030年前碳达峰目标，相关指标和任务更加细化、实化、具体化。

同时，《方案》是"N"中为首的政策文件，有关部门和单位将根据《方案》部署制订能源、工业、城乡建设、交通运输、农业农村等领域以及具体行业的碳达峰实施方案，各地区也将按照《方案》要求制订本地区碳达峰行动方案。除此之外，"N"还包括科技支撑、碳汇能力、统计核算、督察考核等支撑措施和财政、金融、价格等保障政策。这一系列文件将构建起目标明确、分工合理、措施有力、衔接有序的碳达峰碳中和"1+N"政策体系。

（二）中国碳达峰碳中和"1+N"政策体系基础核心要素解读

碳达峰、碳中和的"1+N"政策体系中，"1"是指《意见》，是管总体管长远的，发挥统领作用；"N"是指国务院印发的《2030年前碳达峰行动方案》为首的政策文件，包括能源、工业、交通运输、城乡建设等分领域分行业碳达峰实施方案。目前，我国的碳达峰碳中和"1+N"政策体系已经基本建立。

顶层设计文件设定了到2025年、2030年、2060年的主要目标，并首次提到2060年非化石能源消费比重目标要达到80%以上。项目顶层设计中的《方案》中提到的10大行动已经明确了"N"的政策范围包括能源、工业、城乡建设、交通运输等行业碳达峰实施方案，以及科技支撑、碳汇能力、能源保障、统计核算、督察考核、财政金融价格等保障政策。

其核心目标与具体举措梳理详见表2-3。

表2-3 "1+N"政策体系核心目标及举措梳理

分类	行业	2025/2030年目标	核心举措
能源	煤炭	"十四五"时期严格合理控制煤炭消费增长，"十五五"期间逐步减少	严格控制新增煤电项目，推动煤电向基础保障性和系统调节性电源并重转型。严控跨区外送可再生能源电力配套煤电规模，新建通道可再生能源电量比例原则上不低于50%
	新能源	到2030年，风电、太阳能发电总装机容量达到12亿千瓦以上	1）全面推进风电、太阳能发电大规模开发和高质量发展，坚持集中式与分布式并举，加快建设风电和光伏发电基地 2）积极发展太阳能光热发电，推动建立光热发电与光伏发电、风电互补调节的风光热综合可再生能源发电基地 3）探索深化地热能以及波浪能、潮流能、温差能等海洋新能源开发利用
	水电	"十四五""十五五"期间分别新增水电装机容量4000万千瓦左右，西南地区水电为主的可再生能源体系基本建立	积极推进水电基地建设，推动西南地区水电与风电、太阳能发电协同互补
	核电		合理确定核电站布局和开发时序，在确保安全的前提下有序发展核电，保持平稳建设节奏
	新型电力系统	到2025年，新型储能装机容量达到3 000万千瓦以上；到2030年，抽水蓄能电站装机容量达到1.2亿千瓦左右，省级电网基本具备5%以上的尖峰负荷响应能力	1）构建新能源占比逐渐提高的新型电力系统； 2）积极发展"新能源+储能"、源网荷储一体化和多能互补，支持分布式新能源合理配置储能系统； 3）深化电力体制改革，加快构建全国统一电力市场体系

续表

分类	行业	2025/2030年目标	核心举措
工业	钢铁	严禁新增产能；提高行业集中度；以京津冀及周边地区为重点，继续压减钢铁产能	严格执行产能置换；推进钢铁企业跨地区、跨所有制兼并重组；促进钢铁行业结构优化和清洁能源替代，推行全废钢电炉工艺
	有色	严控新增产能；提高水电、风电、太阳能发电等应用比重；推动单位产品能耗持续下降	巩固化解电解铝产能过剩，严格执行产能置换；推进清洁能源替代；加快再生有色金属产业发展；加快推广应用先进适用绿色低碳技术
	建材	严禁新增水泥熟料、平板玻璃产能；提高电力、天然气应用比重	加强产能置换监管，加快低效产能推出；推动水泥错峰生产常态化、合理缩短水泥熟料装置运转时间；加快推进绿色建材产品认证和应用推广；推广节能技术设备
	石化	严控新增炼油和传统煤化工生产能力； 到2025年，国内原油一次加工能力控制在10亿吨以内，主要产品产能利用率提升至80%以上	加大落后产能淘汰力度；引导企业转变用能方式，鼓励以电力、天然气等替代煤炭；调整原料结构，控制新增原料用煤、推动石化化工原料轻质化；鼓励企业节能升级改造；加快推广供热计量收费和合同能源管理，逐步开展公共建筑能耗限额管理
城乡建设	建筑能效	到2025年，城镇新增建筑全面执行绿色建筑标准	推动超低能耗建筑、低碳建筑规模化发展；加快推进居住建筑和公共建筑节能改造；加快推广供热计量收费和合同能源管理，逐步开展公共建筑能耗限额管理
	建筑用能结构	到2025年，城镇建筑可再生能源替代率达到8%，新建公共机构建筑、新建厂房屋顶光伏覆盖率力争达到50%	深化可再生能源建筑应用，推广光伏发电与建筑一体化应用；加快工业余热供暖规模化应用，积极稳妥开展核能供热示范，因地制宜推行热泵、生物质能、地热能、太阳能等清洁低碳供暖
	农村建设		推进绿色农房建设，加快农房节能改造；加快生物质能、太阳能等可再生能源在农业生产和农村生活中的应用；加强农村电网建设，提升农村用能电气化水平

续表

分类	行业	2025/2030年目标	核心举措
交通运输	运输工具	到2030年，当年新增新能源、清洁能源动力的交通工具比例达到40%左右；陆路交通运输石油消费力争2030年前达到峰值	积极扩大电力、氢能、天然气、先进生物液体燃料等新能源、清洁能源在交通运输领域应用；大力推广新能源汽车，推动城市公共服务车辆电动化替代；发展新能源中型货运车辆、船舶、航空器等
	交通运输体系	"十四五"期间，集装箱铁水联运量年均增长15%以上；到2030年，城区常住人口100万以上的城市绿色出行比例不低于70%	大力发展以铁路、水路为骨干的多式联运，推进工矿企业、港口、物流园区等铁路专用线建设；加快大宗货物和中长距离货物运输"公转铁""公转水"；加快城乡物流配送体系建设，创新绿色低碳、集约高效的配送模式
	交通基础设施	到2030年，民用运输机场场内车辆装备等力争全面实现电动化	开展交通基础设施绿色化提升改造；有序推进充电桩、配套电网、加注（气）站、加氢站等基础设施建设，提升城市公共交通基础设施水平
循环经济	产业园区	到2030年，省级以上重点产业园区全部实施循环化改造	优化园区空间布局，开展园区循环化改造；促进废物综合利用、能量梯级利用、水资源循环利用，推进工业余压余热，废气废液废渣资源化利用，积极推广集中供气供热
	大宗固废	到2025年，大宗固废年利用量达到40亿吨左右；到2030年，年利用量达到45亿吨左右	提高矿产资源综合开发利用水平和综合利用率，以煤矸石、粉煤灰、尾矿、共伴生矿、冶炼渣、工业副产石膏、建筑垃圾、农作物秸秆等大宗固废为重点，在确保安全环境的前提下，探索将磷石膏应用于土壤改良、井下充填、路基修筑等
	资源循环利用体系	到2025年，废钢铁、废铜、废铝、废铅、废锌、废纸、废塑料、废橡胶、废玻璃等9种主要再生资源循环利用量达到4.5亿吨，到2030年达到5.1亿吨	完善废旧物资回收网络，推行"互联网+"回收模式，实现再生资源应收尽收。加强再生资源综合利用行业规范管理，促进产业集聚发展
	生活垃圾	到2025年，生活垃圾资源化利用比例提升至60%左右；到2030年提升至65%	加快建立覆盖全社会的生活垃圾收运处置体系，全面实现分类投放、分类收集、分类运输、分类处理；推进生活垃圾焚烧处理，降低填埋比例，探索适合我国厨余垃圾特性的资源利用技术。推进污水资源化利用

分类	行业	2025/2030年目标	核心举措
节能降碳	用能设备		以电机、风机、泵、压缩机、变压器、换热器、工业锅炉等设备为重点，全面提升能效标准；建立以能效为导向的激励约束机制，推广先进高效产品设备，加快淘汰落后低效设备
	新型基础设施		1）优化新型基础设施空间布局，统筹谋划、科学配置数据中心等新型基础设施，避免低水平重复建设； 2）加强新型基础设施用能管理，将年综合能耗超过1万吨标准煤的数据中心全部纳入重点用能单位能耗在线监测系统，开展能源计量审查
生态碳汇	碳汇	全国森林覆盖率达到25%左右，森林蓄积量达到190亿立方米	深入推进大规模国土绿化行动，巩固退耕还林还草成果，扩大林草资源总量
	农业农村减排固碳		大力发展绿色低碳循环农业，推进农光互补、"光伏+设施农业""海上风电+海洋牧场"等低碳农业模式
科技创新	体制机制		制订科技支撑碳达峰碳中和行动方案，开展低碳零碳负碳关键核心技术攻关。推进国家绿色技术交易中心建设，加快创新成果转化，加强绿色低碳技术和产品知识产权保护
	基础研究		聚焦化石能源绿色智能开发和清洁低碳利用、可再生能源大规模利用、新型电力系统、节能、氢能、储能、动力电池、二氧化碳捕集利用与封存等重点，深化应用基础研究。积极研发先进核电技术，加强可控核聚变等前沿颠覆性技术研究
	人才培养		组建碳达峰碳中和相关国家实验室、国家重点实验室和国家技术创新中心，适度超前布局国家重大科技基础设施；深化产教融合，组建碳达峰碳中和产教融合发展联盟，建设一批国家储能技术产教融合创新平台

各部委、各重点行业也已出台相关碳达峰、碳中和政策，相关梳理见表2-4。

表2-4　　　　　　　　中央、各部委碳达峰、碳中和政策梳理表

分类	中央部委	会议/文件	概述	主要内容
总体布局	顶层设计	国常会	纠正"一刀切"	各地要严格落实属地管理责任，做好有序用电管理，纠正有的地方"一刀切"停产限产或"运动式"减碳。反对不作为、乱作为
		《中共中央 国务院关于完整准确全面贯彻新发展理念做好碳达峰碳中和工作的意见》	总体意见	一、总体要求；二、主要目标；三、推进经济社会发展全面绿色转型；四、深度调整产业结构；五、加快构建清洁低碳安全高效能源体系；六、加快推进低碳交通运输体系建设；七、提升城乡建设绿色低碳发展质量；八、加强绿色低碳重大科技攻关和推广应用；九、持续巩固提升碳汇能力；十、提高对外开放绿色低碳发展水平；十一、健全法律法规标准和统计监测体系；十二、完善政策机制；十三、切实加强组织实施
		《国务院关于印发2030年前碳达峰行动方案的通知》	行动方案	一、总体要求；二、主要目标；三、重点任务（十大行动）；四、国际合作；五、政策保障
	发改委	碳达峰碳中和工作领导小组成立碳排放统计核算工作组	碳排放统计核算	为统筹做好碳排放统计核算工作，加快建立统一规范的碳排放统计核算体系，碳达峰碳中和工作领导小组办公室成立碳排放统计核算工作组，负责组织协调全国及各地区、各行业碳排放统计核算等工作。工作组日常工作由国家统计局能源统计司担任
		国家发改委、国家能源局批复《绿色电力交易试点工作方案》	绿电交易	风电及光伏发电企业、电力用户和售电公司、电网企业均可参与绿电交易。绿色电力在电力市场交易和电网调度运行中优先组织、优先安排、优先执行、优先结算，用户侧购买绿色电力还将获得相关政策措施的激励。在绿电交易市场建设初期，将优先组织未纳入国家可再生电价附加补助政策范围的风电和光伏电量参与交易，后续随着新能源发展及绿色市场不断成熟，可根据国家有关规定动态调整发电侧入市范围

分类	中央部委	会议/文件	概述	主要内容
总体布局	发改委	《完善能源消费强度和总量双控制度方案》	完善能耗双控制度	《方案》分三个阶段提出了目标要求；第一阶段是到2025年，能耗双控制度更加健全，能源资源配置更加合理、利用效率大幅提高。第二阶段是到2030年，能耗双控制度进一步完善，能耗强度继续大幅下降，能源消费总量得到合理控制，能源结构更加优化。第三阶段是到2035年，能源资源优化配置、全面节约制度更加成熟和定型，有力支撑碳排放达峰后稳中有降的目标实现
		《关于进一步深化燃煤发电上网电价市场化改革的通知》	电价	一是有序放开全部燃煤发电电量上网电价。燃煤发电电量原则上全部进入电力市场，通过市场交易在"基准价+上下浮动"范围内形成上网电价。现行燃煤发电基准价继续作为新能源发电等价格形成的挂钩基准。 二是扩大市场交易电价上下浮动范围。将燃煤发电市场交易价格浮动范围由现行的上浮不超过10%、下浮原则上不超过15%，扩大为上下浮动原则上均不超过20%，高耗能企业市场交易电价不受上浮20%的限制。电力现货价格不受上述幅度限制。 三是推动工商业用户都进入市场。 四是保持居民、农业用电价格稳定
		《关于严格能效约束推动重点领域节能降碳的若干重点意见》	重点工业领域绿色转型	到2025年，通过实施节能降碳行动，钢铁、电解铝、水泥、平板玻璃、炼油、乙烯、合成氨、电石等重点行业和数据中心达到标杆水平的产能比例超过30%，行业整体能效水平明显提升，碳排放强度明显下降，绿色低碳发展能力显著增强。到2030年，重点行业能效基准水平和标杆水平进一步提高，达到标杆水平企业比例大幅提升，行业整体能效水平和碳排放强度达到国际先进水平，为如期实现碳达峰目标提供有力支撑。冶金、建材重点行业严格能效约束推动节能降碳行动方案、石化行业重点行业严格能效约束推动节能降碳方案已出台

分类	中央部委	会议/文件	概述	主要内容
能源	国家能源局	《国家能源局贯彻落实中央生态环境保护督察报告反馈问题整改方案》	能源碳达峰实施方案	提出系统研究能源消费碳排放空间、能源消费总量与结构等重大问题，积极参与制订《2030年前碳达峰行动方案》。深入研究细化能源领域的落实举措，研究出台《能源碳达峰实施方案》以及完善能源绿色低碳转型、推动新时代新能源高质量发展、新型储能高质量发展、构建以新能源为主体的新型电力系统等政策措施
		《抽水蓄能中长期发展规划（2021—2035年）》	抽水蓄能	我国抽水蓄能在电力系统中的比例仅占1.4%，与发达国家相比仍有较大差距。按照此前一轮的规划，目前剩余抽水蓄能项目储备仅有约3 000万千瓦，难以有效满足新能源大规模高比例发展和构建以新能源为主体的新型电力系统的需要。到2025年，抽水蓄能投产总规模较"十三五"翻一番，达到6 200万千瓦以上；到2030年，抽水蓄能投产总规模较"十四五"再翻一番，达到1.2亿千瓦左右
		《关于促进地热能开发利用的若干意见》	地热能	到2025年，各地基本建立起完善规范的地热能开发利用管理流程，全国地热开发利用信息统计和监测体系基本完善，地热能供暖（制冷）面积比2020年增加50%，在资源条件良好的地区建设一批地热能发电示范项目，全国地热能发电装机容量比2020年翻一番；到2035年，地热能供暖（制冷）面积及地热能发电装机容量力争比2025年翻一番
工业	工信部	关于政协第十三届全国委员会第四次会议第1259号（工交邮电类175号）提案答复的函	推动汽车产业低碳发展	
		实施标准化纲要、促进高质量发展新闻发布会	加快制定碳中和标准	《国家标准化发展纲要》要求强化标准对工业绿色发展的支撑。纲要提出要实施碳达峰、碳中和标准化提升工程。工信部将进一步加强工业领域绿色低碳标准体系建设，加快推进钢铁、建材、石化化工、有色金属等重点行业碳达峰碳中和相关标准研制，进一步筑牢工业绿色低碳发展的基础

续表

分类	中央部委	会议/文件	概述	主要内容
建筑	住建部	《建筑节能与可再生能源利用通用规范》	建筑碳排放强制性指标	新建居住建筑和公共建筑平均设计能耗水平进一步降低，在2016年执行的节能设计标准基础上降低30%和20%。其中严寒和寒冷地区居住建筑平均节能率应为75%，其他气候区平均节能率应为65%，公共建筑平均节能率为72%。碳排放强度有了明确强制标准，平均降低7kgCO$_2$/（m^2*a）以上
交通	交通运输部	碳中和与交通运输可持续发展论坛	绿色交通	"双碳"目标将激发交通各要素的迭代升级，为交通带来转型和变革的重要动力。为进一步做好推进交通低碳转型的基础工作，我国交通运输行业要建立交通运输碳排放源的监测体系和排放清单；科学合理地确定交通运输碳达峰的峰值和时间；合理确定交通运输绿色转型发展的阶段性目标，重点谋划有针对性的政策措施；强化推进交通运输低碳转型的考核体系建设；健全绿色金融和碳交易市场，强化碳循环技术开发
金融财税	央行	欧盟首届可持续投资峰会（央行前行长易纲讲话）	绿色金融	重视发挥金融在应对气候变化中的作用，特别是在完善碳定价机制、统筹绿色分类标准、推进气候相关信息强制披露、动员市场资金支持绿色转型等领域，研究推出碳减排支持工具，建立完善绿色金融政策体系
		2021年度第三季度金融统计数据新闻发布会		目前人民银行正抓紧推进碳减排支持工具设立工作。碳减排支持工具是为助推实现碳达峰、碳中和目标而创设的一项结构性货币政策工具，人民银行提供低成本资金，支持金融机构为具有显著碳减排效应的重点项目提供优惠利率融资，为保证精准性，碳减排支持工具支持清洁能源、节能环保、碳减排技术三个重点领域；为保证直达性，采取先贷后借的直达机制，金融机构自主决策、自担风险，向碳减排重点领域的企业发放贷款，之后可向人民银行申请碳减排支持工具的资金支持，并按照人民银行要求公开披露碳减排相关信息，接受社会监督。人民银行将以稳步有序的方式推动碳减排支持工具落地生效，注重发挥杠杆效应，撬动更多社会资金促进碳减排

续表

分类	中央部委	会议/文件	概述	主要内容
金融财税	央行	2021金融街论坛全球系统重要性金融机构会议	绿色金融	一、 完善绿色分类：人民银行计划与欧盟有关部门共同发布《中欧绿色金融共同分类目录》，促进绿色资金跨境流动； 二、 加强气候信息披露：人民银行制定发布《金融机构环境信息披露指南》，指导金融机构披露碳排放等信息； 三、 管理气候相关的转型风险：人民银行组织开展气候风险压力测试； 四、 完善碳排放定价机制：目前我国全国性的碳市场已经开始运行。充分发挥市场的作用，有利于最大化碳排放价格的激励约束
科技环保	科技部	实现碳达峰碳中和任务艰巨，急需科技支撑引领（科技部社会发展科技司副司长傅小锋）	重点专项	科技部已成立碳达峰、碳中和科技工作领导小组，将编制科技支撑碳达峰碳中和的行动方案，制定科技发展的时间表和路线图，加快推进绿色低碳技术研发攻关 科技部已明确储能与智能电网等十个与碳达峰、碳中和强相关的重点专项，以及绿色生物制造等16个弱相关重点专项，并增设碳中和关键技术研究与示范重点专项
科技环保	生态环境部	《"十四五"时期深入推进"无废城市"建设工作方案（征求意见稿）》	"无废城市"建设	推动100个左右地级及以上城市开展"无废城市"建设，到2025年，"无废"理念得到广泛认同，固体废物治理体系和治理能力得到明显提升 一、 加快工业发展方式绿色转型：全面推行清洁生产，建设一体化废钢铁、废有色金属、废纸等绿色分拣加工配送中心和废旧动力电池回收中心 二、 鼓励有条件的省份设立专项资金：将"无废城市"建设财政资金需求列入部门预算保障，鼓励民营、外资本参与"无废城市"建设工作，结合生活垃圾分类情况，推行分类计价、计量收费制度
		碳中和技术与绿色金融协同创新实验室启动	绿色低碳技术转型	实验室将聚焦绿色低碳技术的标准化识别与验证体系，推动产业端与消费端实现绿色低碳转型，开发特殊绿色金融工具和产品，为技术方和资本方搭建对接平台

二、省级碳达峰碳中和进展

2020年12月16至18日召开的中央经济工作会议把碳达峰碳中和列为2021年8项重点工作之一，要求抓紧制订2030年前碳达峰行动方案，支持有条件的地方率先达峰。2021年3月15日中央财经委员会第九次会议指出，实现碳达峰碳中和是一场广泛而深刻的经济社会系统性变革，要把碳达峰碳中和纳入生态文明建设整体布局，以抓铁有痕的劲头，如期实现"双碳"目标。2021年5月26日召开的碳达峰碳中和工作领导小组全体会议强调，要紧扣目标分解任务，加强顶层设计，引导和督促地方及重点领域、行业、企业科学设置目标、制订行动方案，确保如期实现碳达峰、碳中和目标。

总的来看，31个省均已经成立省级碳达峰碳中和工作领导小组，编制完成本地区碳达峰实施方案，有序推进能源结构优化和产业结构调整，推动重点领域绿色低碳发展水平持续提升。截至目前，全国已有超过10个省级行政区发布了相关碳达峰实施方案。本章遴选了政治经济发达省份与湖北省相邻省份等具有代表性的区域达峰方案进行相关汇总介绍，具体如下：

（一）北京市

《北京市碳达峰实施方案》聚焦"十四五"和"十五五"两个经济社会全面绿色转型的关键期，提出了提高非化石能源消费比重、提升能源利用效率、降低二氧化碳排放水平等方面主要目标。

到2025年：可再生能源消费比重达到14.4%以上，单位地区生产总值能耗比2020年下降14%，单位地区生产总值二氧化碳排放下降确保完成国家下达目标；

到2030年：可再生能源消费比重达到25%左右，单位地区生产总值二氧化碳排放确保完成国家下达目标，确保如期实现2030年前碳达峰目标，见表2-5。

表2-5 　　　　　　　　　　　　　北京市碳达峰实施方案

政策名称	主要任务	具体行动措施
《北京市碳达峰实施方案》	1.深化落实城市功能定位，推动经济社会发展全面绿色转型	− 强化绿色低碳发展规划引领 − 构建差异化绿色低碳发展格局 − 北京城市副中心建设国家绿色发展示范区 − 构筑绿色低碳全民共同行动格局
	2.强化科技创新引领，构建绿色低碳经济体系	− 强化低碳技术创新 − 积极培育绿色发展新动能 − 推动产业结构深度优化 − 大力发展循环经济
	3.持续提升能源利用效率，全面推动能源绿色低碳转型	− 持续提升能源利用效率 − 严控化石能源利用规模 − 积极发展非化石能源
	4.推动重点领域低碳发展，提升生态系统碳汇能力	− 大力推动建筑领域绿色低碳转型 − 深度推进供热系统重构 − 着力构建绿色低碳交通体系 − 巩固提升生态系统碳汇能力 − 控制非二氧化碳温室气体排放
	5.加强改革创新，健全法规政策标准保障体系	− 着力构建低碳法规标准体系 − 提升统计、计量和监测能力 − 完善重点碳排放单位管理制度 − 持续完善政策体系和市场机制 − 积极推动碳达峰、碳中和先行示范
	6.创新区域低碳合作机制，协同合力推动碳达峰、碳中和	− 弘扬冬奥碳中和遗产 − 推动京津冀能源低碳转型 − 加强区域绿色低碳合作 − 深化国际合作
	7.加强组织领导，强化实施保障	− 强化统筹协调 − 建立健全目标责任管理制度 − 开展动态评估

（二）上海市

可再生能源消费比重达到25%左右，单位地区生产总值二氧化碳排放确保完成国家下达目标，确保如期实现2030年前碳达峰目标。

到2025年：单位生产总值能源消耗比2020年下降14%，非化石能源占能源消费总量比重力争达到20%，单位生产总值二氧化碳排放确保完成国家下达指标。

到2030年：非化石能源占能源消费总量比重力争达到25%，单位生产总值二氧化碳排放比2005年下降70%，确保2030年前实现碳达峰，见表2-6。

表2-6　　　　　　　　　　　　　　上海市碳达峰实施方案

政策名称	主要任务	具体行动措施
《上海市碳达峰实施方案》	1.能源绿色低碳转型行动	－ 大力发展非化石能源 － 严格控制煤炭消费 － 合理调控油气规模 － 加快建设新型电力系统
	2.节能降碳增效行动	－ 深入推进节能精细化管理 － 实施节能降碳重点工程 － 推进重点用能设备节能增效 － 加强新型基础设施节能降碳
	3.工业领域碳达峰行动	－ 推进城乡建设绿色低碳转型 － 加快提升建筑能效水平 － 加快优化建筑用能结构 － 推进农村建设和用能低碳转型
	4.城乡建设领域碳达峰行动	－ 大力推动建筑领域绿色低碳转型 － 深度推进供热系统重构 － 着力构建绿色低碳交通体系 － 巩固提升生态系统碳汇能力 － 控制非二氧化碳温室气体排放
	5.交通领域绿色低碳行动	－ 构建绿色高效交通运输体系 － 推动运输工具装备低碳转型 － 加快绿色交通基础设施建设 － 积极引导市民绿色低碳出行
	6.循环经济助力降碳行动	－ 打造循环型产业体系 － 建设循环型社会 － 推进建设领域循环发展 － 发展绿色低碳循环型农业 － 强化行业、区域协同处置利用

续表

政策名称	主要任务	具体行动措施
《上海市碳达峰实施方案》	7.绿色低碳科技创新行动	– 强化基础研究和前沿技术布局 – 加快先进适用技术研发和推广应用 – 加强创新能力建设和人才培养 – 完善技术创新体制机制
	8.碳汇能力巩固提升行动	– 实施千座公园计划 – 巩固提升森林碳汇能力 – 增强海洋系统固碳能力 – 增强湿地系统固碳能力 – 加强生态系统碳汇基础支撑
	9.绿色低碳全民行动	– 加强生态文明宣传教育 – 推广绿色低碳生活方式 – 引导企业履行社会责任 – 强化领导干部培训
	10.绿色低碳区域行动	– 深入推进各区如期实现碳达峰 – 支持推动碳达峰、碳中和"一岛一企"试点示范 – 推进重点区域低碳转型示范引领

（三）天津市

《天津市碳达峰实施方案》聚焦"十四五"和"十五五"两个碳达峰关键时期，明确了提高非化石能源消费比重、提升能源利用效率、降低二氧化碳排放水平等方面的主要指标。

到2025年：单位地区生产总值能源消耗和二氧化碳排放确保完成国家下达指标；非化石能源消费比重力争达到11.7%以上，为实现碳达峰奠定坚实基础；

到2030年：单位地区生产总值能源消耗大幅下降，单位地区生产总值二氧化碳排放比2005年下降65%以上；非化石能源消费比重力争达到16%以上，见表2-7。

表2-7 天津市碳达峰实施方案

政策名称	主要任务	具体行动措施
《天津市碳达峰实施方案》	1.能源绿色低碳转型行动	- 推进煤炭消费减量替代 - 大力发展新能源 - 强化天然气保障 - 推进新型电力系统建设
	2.节能降碳增效行动	- 全面提升节能管理能力 - 实施节能降碳重点工程 - 推进重点用能设备节能增效 - 加强新型基础设施节能降碳
	3.工业领域碳达峰行动	- 推动工业领域绿色低碳发展 - 积极构建低碳工业体系 - 推动钢铁、建材和石化化工行业碳达峰 - 坚决遏制"两高一低"项目盲目发展
	4.城乡建设领域碳达峰行动	- 推进城乡建设绿色低碳转型 - 加快提升建筑能效水平 - 加快优化建筑用能结构 - 推进农村建设和用能低碳转型
	5.交通领域绿色低碳行动	- 推动运输工具装备低碳转型 - 着力构建绿色交通出行体系 - 持续优化货物运输结构 - 打造世界一流绿色港口 - 建设绿色交通基础设施
	6.碳汇能力巩固提升行动	- 巩固生态系统固碳作用 - 提升生态系统碳汇能力 - 加强生态系统碳汇基础支撑 - 推进农业农村减排固碳
	7.循环经济助力降碳行动	- 推进产业园区低碳循环发展 - 健全资源循环利用体系 - 着力壮大海水淡化与综合利用产业 - 大力推进生活垃圾减量化资源化 - 持续推动综合利用与再制造业发展
	8.绿色低碳科技创新行动	- 完善创新体制机制 - 加强创新能力建设和人才培养 - 强化共性关键技术研究 - 加快先进适用技术研发和推广应用
	9.绿色低碳全民行动	- 加强生态文明宣传教育 - 推广绿色低碳生活方式 - 引导企业履行社会责任 - 强化领导干部培训
	10.试点有序推动碳达峰行动	- 组织开展绿色公共机构试点建设 - 组织开展碳达峰试点建设 - 组织开展重点领域绿色转型示范

（四）江苏省

《江苏省碳达峰实施方案》聚集"十四五"和"十五五"两个关键时期，针对可再生能源消费比重，风电、太阳能等可再生能源发电总装机容量，林木覆盖率等方面提出具体要求。

到2025年：单位地区生产总值能耗比2020年下降14%，单位地区生产总值二氧化碳排放完成国家下达的目标任务，非化石能源消费比重达到18%，林木覆盖率达到24.1%，为实现碳达峰奠定坚实基础。

到2030年：单位地区生产总值能耗持续大幅下降，单位地区生产总值二氧化碳排放比2005年下降65%以上，风电、太阳能等可再生能源发电总装机容量达到9 000万千瓦以上，非化石能源消费比重、林木覆盖率持续提升。2030年前二氧化碳排放量达到峰值，为实现碳中和提供强有力支撑，见表2-8。

表2-8 江苏省碳达峰实施方案

政策名称	主要任务	具体行动措施
《江苏省碳达峰实施方案》	1.低碳社会全民创建专项行动	– 大力推动生产生活方式转变 – 全面加强减污降碳协同增效 – 加快推动全员思想认识转变
	2.工业领域达峰专项行动	– 大力推动产业绿色低碳转型 – 坚决遏制"两高一低"项目盲目发展 – 推动重点行业工业领域碳达峰行动
	3.能源绿色低碳转型行动	– 大力发展非化石能源 – 严控非化石能源 – 强化能源安全保障 – 加快新型电力系统建设
	4.节能增效水平提升专项行动	– 推动重点领域节能降碳 – 全面提升节能管理水平 – 大力发展循环经济
	5.城乡建设领域达峰专项	– 推动城乡建设低碳化转型 – 提高建筑绿色低碳发展水平 – 优化建筑用能结构

续表

政策名称	主要任务	具体行动措施
《江苏省碳达峰实施方案》	6.交通运输低碳发展专项行动	- 持续推动交通运输低碳发展 - 持续推进绿色低碳装备和设施应用 - 持续优化绿色出行体系
	7.绿色低碳科技创新专项行动	- 加强关键核心技术攻坚 - 加快推进重大科技平台建设 - 健全绿色低碳科技创新体制机制 - 推进碳达峰专业人才队伍建设
	8.各地区有序达峰专项行动	- 科学确定各地区达峰路径 - 因地制宜推动绿色低碳发展

（五）湖南省

《湖南省碳达峰实施方案》参考国家下达的指标任务，分"十四五"和"十五五"两个阶段提出目标。

到2025年：非化石能源消费比重达到22%左右，单位地区生产总值能源消耗和二氧化碳排放下降确保完成国家下达目标，为实现碳达峰目标奠定坚实基础。

到2030年：非化石能源消费比重达到25%左右，单位地区生产总值能源消耗和二氧化碳排放下降完成国家下达目标，顺利实现2030年前碳达峰目标，见表2-9。

表2-9　　　　　　　　　　　　　湖南省碳达峰实施方案

政策名称	主要任务	具体行动措施
《湖南省碳达峰实施方案》	1.能源绿色低碳转型行动	- 优化调整煤炭消费结构 - 大力发展可再生能源 - 合理调控油气消费 - 加大区外电力引入力度 - 构建新型电力系统
	2.节能减污协同降碳行动	- 全面提升节能管理水平 - 开展节能减煤减碳攻坚行动 - 推进重点用能设备能效提升 - 加强新基建节能降碳 - 加大减污降碳协同治理力度

续表

政策名称	主要任务	具体行动措施
《湖南省碳达峰实施方案》	3.工业领域碳达峰行动	– 坚决遏制"两高一低"项目盲目发展 – 推动冶金行业有序达峰 – 推动建材行业有序达峰 – 推动石化化工行业有序达峰 – 积极培育绿色低碳新动能
	4.城乡建设碳达峰行动	– 推动城乡建设绿色低碳转型 – 提升建筑能效水平 – 优化城乡建筑用能结构 – 推进农村建设和用能低碳转型
	5.交通运输绿色低碳行动	– 推动运输工具装备低碳转型 – 构建绿色高效交通运输体系 – 加快低碳智慧交通基础设施建设
	6.资源循环利用助力降碳行动	– 推进产业园区循环发展 – 加强大宗固废综合利用 – 构建资源循环利用体系 – 推进生活垃圾减量化资源化
	7.绿色低碳科技创新行动	– 打造绿色低碳技术创新高地 – 加强创新能力建设和人才培养 – 推动关键低碳技术研发和攻关 – 加快科技成果转化和先进适用技术推广应用
	8.碳汇能力巩固提升行动	– 巩固提升林业生态系统碳汇 – 稳步提升耕地湿地碳汇 – 建立碳汇补偿机制
	9.绿色低碳全民行动	– 加强全民低碳宣传教育 – 引导企业履行社会责任 – 强化领导干部培训 – 加强低碳国际合作
	10.绿色金融支撑行动	– 大力发展绿色金融 – 积极推进碳达峰气候投融资 – 完善绿色产融对接机制 – 建立绿色交易市场机制 – 建立绿色金融激励约束机制

（六）广东省

《广东省碳达峰实施方案》深入贯彻习近平生态文明思想和习近平总书记对广东系列重要讲话、重要指示批示精神。分两阶段提出达峰目标：

到2025年：非化石能源消费比重力争达到32%以上，单位地区生产总值能源消耗和单位地区生产总值二氧化碳排放确保完成国家下达指标，为全省碳达峰奠定坚实基础。

到2030年：单位地区生产总值能源消耗和单位地区生产总值二氧化碳排放的控制水平继续走在全国前列，非化石能源消费比重达到35%左右，顺利实现2030年前碳达峰目标，见表2-10。

表2-10 广东省碳达峰实施方案

政策名称	主要任务	具体行动措施
《广东省碳达峰实施方案》	1.产业绿色提质行动	– 加快产业结构优化升级 – 大力发展绿色低碳产业 – 坚决遏制"两高一低"项目盲目发展
	2.能源绿色低碳转型行动	– 严格合理控制煤炭消费增长 – 大力发展新能源 – 安全有序发展核电 – 积极扩大省外清洁电力送粤规模 – 合理调控油气消费 – 加快建设新型电力系统
	3.节能降碳增效行动	– 全面提升节能降碳管理能力 – 推动减污降碳协同增效 – 加强重点用能单位节能降碳 – 推动新型基础设施节能降碳
	4.工业重点行业碳达峰行动	– 推动钢铁行业碳达峰 – 推动石化行业碳达峰 – 推动水泥行业碳达峰 – 推动陶瓷行业碳达峰 – 推动造纸行业碳达峰

政策名称	主要任务	具体行动措施
《广东省碳达峰实施方案》	5.城乡建设碳达峰行动	– 推动城乡建设绿色转型 – 推广绿色建筑设计 – 全面推行绿色施工 – 加强绿色运营管理 – 优化建筑用能结构
	6.交通运输绿色低碳行动	– 推动运输工具装备低碳转型 – 构建绿色高效交通运输体系 – 加快绿色交通基础设施建设
	7.农业农村减排固碳行动	– 提升农业生产效率和能效水平 – 加快农业农村用能方式转变 – 提高农业减排固碳能力
	8.循环经济助力降碳行动	– 建立健全资源循环利用体系 – 推进废弃物减量化资源化
	9.科技赋能碳达峰行动	– 低碳基础前沿科学研究行动 – 低碳关键核心技术创新行动 – 低碳先进技术成果转化行动 – 低碳科技创新能力提升行动
	10.绿色要素交易市场建设行动	– 完善碳交易等市场机制 – 深化能源电力市场改革 – 健全生态产品价值实现机制
	11.绿色经贸合作行动	– 提高外贸行业绿色竞争力 – 推进绿色"一带一路"建设 – 深化粤港澳低碳领域交流合作
	12.生态碳汇能力巩固提升行动	– 巩固生态系统固碳作用 – 持续提升森林碳汇能力 – 巩固提升湿地碳汇能力 – 大力发掘海洋碳汇潜力
	13.绿色低碳全民行动	– 加强生态文明宣传教育 – 推广绿色低碳生活方式 – 引导企业履行社会责任 – 强化领导干部培训
	14.各地区梯次有序达峰行动	– 科学合理确定碳达峰目标 – 因地制宜推进绿色低碳发展 – 上下联动制订碳达峰方案
	15.多层次试点示范创建行动	– 开展碳达峰试点城市建设 – 开展绿色低碳试点示范

三、重点行业碳达峰碳中和进展

实现碳达峰、碳中和是一场广泛而深刻的经济社会系统性变革，重点行业领域的碳减排是影响全国整体碳达峰碳中和的关键。而涉及相关行业的温室气体排放时，基础设施行业值得特别关注。狭义的基础设施指为社会提供基础服务的设施，如建筑、制造和公用事业；广义的基础设施还包括了IT系统、金融保险系统、教育系统、交通运输、农业食品和医疗系统等其他社会性基础设施。基础设施相关行业在为公众提供基础性服务的同时，也贡献了约全球排放总量的70%。

包括油气和公用事业（电力、煤气、蒸汽和空调供应）的能源行业是碳排放量最大的行业且碳排强度最高。能源行业的碳中和举措主要侧重于推动清洁能源转型，直截了当。以中石油、中石化、中海油、道达尔和壳牌等为代表的龙头企业纷纷大力开发和采用地热能、生物柴油和氢气等清洁能源。同时为了提升企业的整体能效，这些企业也在逐步淘汰落后产能。这些能源企业还致力于开发严格的碳盘查体系，明确梳理产品的碳足迹。此外，碳捕获利用和储存（CCUS）技术的商业化也逐渐成为能源企业关注的热门话题，并已在强化采油领域予以应用。与此同时，沃旭能源、第一太阳能和隆基股份等新能源企业正致力于在整个价值链推广太阳能、风能和水电等可再生能源，通过减少燃料燃烧来加速碳减排进程。

本章将涵盖制造、交通运输、农业食品和建筑这四大高排放基础设施行业，同时也将囊括数字信息和金融服务——这两大产业在人类生活中发挥着重要作用，将在推动其他行业实现碳中和转型中扮演重要角色。综上，本章将对能源使用侧的六大行业——交通运输业、农业食品业、工业制造业、建筑业、数字信息产业和金融服务业，分别总结归纳其最新的双碳工作进展与相关案例。

（一）交通运输业

推动交通运输业碳减排是我国碳达峰碳中和的重要环节之一。交通运输业作为现代社会的高排放行业，对人类生活的方方面面都有着广泛而深远的影响。因此，其碳减排在推动转向更为可持续的生活方式上将发挥十分积极的作用。为打造可持续的未来，拥有或经营客货运车辆、飞机和货船的交通运输企业需要致力于减少温室气体排放，探索更加绿色的转型方式。

交通运输企业的重排放活动主要包括自有车辆运输、运营设施以及包装。交通运输业的范围一排放占比较高（占总排放量的40%~80%），主要排放源为自有车辆的燃料燃烧。范围二排放主要涵盖外购电力、电力中心、枢纽站点和其他仓储和服务设施产生的排放，约占总排放量的20%。交通运输企业的范围三排放大小取决于企业具体的商业模式。企业非自有车辆或飞机的排放应划归于范围三排放，因此与大量承包商合作的企业往往有着较高的范围三排放。除此之外，范围三排放还包括所购买的商品和服务所产生的排放，其中包装材料产生的排放尤为重要，约占总排放量的10%。

因此，交通运输业重点聚焦于上述重排放活动，致力于推动运输流程碳减排，开发更可持续的仓储和服务设施，并推广采用更加绿色的包装材料。

1.降低运输流程碳排放

运输流程中产生的排放量巨大，因此，运输流程碳减排是交通运输企业碳中和战略的重点之一。领先的交通运输企业在该领域已经作出巨大努力，通过大力投资来改变运输车辆的能源结构，通过推广电动能源和绿色燃料的使用，推动车辆升级和节能降耗，并不断优化车队规模和运输路线，减少运输流程的温室气体排放。

采用清洁能源车辆：为了兑现环境承诺，许多企业纷纷采用更环保的车辆对传统燃油车进行替代。通过投资，交通运输企业可充分利用各种可持续材料和技术，推广包括全电动、混合电动、液压混合动力、乙醇、压缩天然气（CNG）、液化天然气（LNG）、可再生天然气（RNG）、生物柴油和丙烷在内的各类更加环保的车辆。京东自2017年起逐步用新能源车取代传统燃油车，共在中国50多个城市部署新能源车，实现每年至少12万吨的二氧化碳减排。此外，京东还在全国范围内建设和引进了1 600多个充电站，为车辆运营提供更好的支持。

提升交通工具能效：运输企业还可通过提升汽车、飞机和货船的能效来减少运输流程中的温室气体排放。提升车辆能效的措施有多种多样，如可通过监测和优化系统识别航空运营中效率待优化的领域，进而减少航班运营中的燃料使用；也可推动车辆进行现代化改造，将车队内车辆更换为更高效的车型；或探索和采用有助于运营革新的一系列先进技术。联邦快递在2019年将飞机排放强度降低了24%（与2005年相比），并通过车队升级、高效铁路联运以及倡导落实减排规则等方式将陆运车辆的燃油效率提高了近41%。汉莎航空同样在绿色现代化飞机和发动机技术领域开展投资，这一举措也成为其降低航班运营中二氧化碳排放的重要驱动。2019年，汉莎航空客运机队实现了百公里航程单客油耗仅为3.67升的卓越成绩。

优化交通工具规模和运输路线：交通运输企业还可以通过优化交通工具管理来减少温室气体排放，相关节能措施包括飞行高度层优化、精细化业载、根据预测业载动态调配机型、二次放行、截弯取直和关断辅助动力装置等。例如，顺丰通过获取B757机型拉萨机场RNP AR（需特殊授权的所需导航性能）运营批准，有效缩短航行飞行距离，进而实现燃料节约。此外，顺丰还积极推动在深圳机场的机位协调工作，与空管协调争取就近跑道落地，以减少地面滑行时间。

构建可持续厂房设施：交通运输业内已有一部分领先企业为进一步拓展温室气体减排途径，在航空陆运枢纽、本地站点、货运服务中心和零售网点等厂房设施的能源供应中部署或购买清洁电力以提升厂房设施的运营能效。

采用清洁电力：企业可通过部署以太阳能光伏板为代表的可再生能源系统或购买绿色电力的方式给设施供电，降低化石燃料发电比例。京东致力于在厂房设施中增加对可再生能源的使用，其在上海亚洲一号物流园区安装了一批屋顶光伏发电系统。自2018年6月投入运营以来，园区二氧化碳排放量显著降低。此外，京东计划联合全球合作伙伴，致力于在2030年打造全球屋顶光伏发电产能最大的生态体系，共建光伏发电面积突破2亿平方米。

提升运营能效：对于交通运输企业而言，提升厂房设施的运营能效是提升其绿色程度的重要环节。联邦快递（FedEx）将设施照明系统改造及能源管理系统安装作为提升运营能效的重要抓手，通过将建筑内外照明全部升级为 LED 灯、安装运动传感器和灯控系统等方式完成了 1 112 个设施的照明改造。截至 2019 年，其电量节省量突破 12 亿千瓦时。此外，联邦快递也在全面推广中央能源管理系统，其中温控系统能够有效计算建筑空置时间并判断出能耗最高的建筑，从而识别潜在节能机会。

2.打造绿色包装

包装生产同样是整个价值链的高排放环节，交通运输企业可以考虑进一步减少包装材料使用量，并努力选择环保可回收的包装生产原料，实现进一步减排。以京东为例，该公司推出了多个减少包装材料使用、增加可回收材料利用比例的举措。截至 2020 年底，京东累计使用循环快递箱 1 600 余万次，累计减少一次性泡沫箱 1.8 亿个。京东物流通过采用极具创意的包装设计和电子运单，每年减少胶带使用量 4 亿米，减少纸张消耗 13 219 吨。京东物流同样也与宝洁等合作伙伴携手，实现产品原包装直发，减少额外的包装材料需求和所需客户触点数量。此外，京东也利用其平台优势和 B 端、C 端触点全覆盖的系统优势，携手产业链中其他各方，共同打造绿色包装联盟、中国电商物流行业包装标准联盟和京东云箱全球联盟等多个企业联盟，联合制定绿色包装举措。依托上述联盟，京东物流联合可口可乐、宝洁和联合利华等消费品公司，建立起废塑料回收系统，来自京东消费者的相关废塑料得以被上门收集并由京东物流送往相应的回收点，从而减少塑料生产的排放量。

(二) 农业食品业

农业食品业对于维系人类健康和福祉必不可少。食品摆上餐桌前需经历研发、养殖、收获、加工、分销、零售和储存等环节，每个环节均会产生对环境造成负面影响的温室气体排放。其中，横跨价值链多个环节的整合型企业的范围一和范围三排放相对较多，而食品制造商的范围三排放占比则更高。本节将重点介绍养殖活动、产品制造、包装和物流环节的碳达峰碳中和举措。

1.降低养殖活动碳排放

牲畜的甲烷排放是农业温室气体的主要排放源,养殖活动中其他主要排放还包括饲料生产环节的直接和间接排放,以及粪便甲烷和氧化亚氮排放。提高农作物和牲畜单位产能的同时减少甲烷排放,是养殖企业的重中之重。主要措施包括:改进牧群管理和动物健康干预措施、回收和再利用粪便中的甲烷、科学高效地使用肥料、改善土壤健康等。如中国圣牧就利用有机牧场饲养奶牛,实现粪便还田。升级改造了堆肥场,依托先进技术实现精准施肥,提高肥料利用效率。

2.降低食品加工和制造环节中的碳排放

农业食品企业可通过在自有厂房部署太阳能光伏板或与可再生能源供应商签署购电协议(PPA)采购绿电,进一步推进去碳减排。路易达孚公司在其位于天津的油籽油料加工厂部署了1.8万多平米的屋顶光伏电池板,满足了厂内3%的电力供应。同时提升工厂能效是对加工和制造环节减排更为重要的举措。自2014年以来,伊利已投资9 000万元人民币用于燃煤锅炉改造,在这一举措的帮助之下,其2020年碳排放量比2014年减少55万吨。2020年,圣牧在旗下牧场正式启动将热泵改为空气源热泵的升级,到2021年底,空气源热泵将拓展至一半以上的牧场。

3.降低原料和产品运输分销环节的碳排放

在该环节中,企业与物流供应商紧密合作,避免在集装箱运输和供应链环节中使用化石燃料,以减少碳排放。

(三)工业制造业

工业制造业作为污染程度最高的行业,是全球温室气体排放的主要来源。制造企业产品生产过程产生了大量排放。同时,工业制造业属于基础设施类行业,深刻影响着上下游产业。产品制造、原料供应以及所售成品的加工和使用是工业制造中排放最多的三类活动。制造企业的大部分排放属于范围一和二,主要指其产品制造环节所产生的排放,包括化石燃料燃烧、现场制冷剂使用以及外购电力产生的直接排放。与产品制造相关的排放占其总排放量的40%~60%。制造企业的范围三排放指与其价值链相关的间接排放。其中，与原料购买和相应物流相关的排放占总排放量的10%~20%；下游排放占总排放量的10%~20%，这两类活动是制造企业的主要排放源。在此背景下，工业制造业在碳达峰碳中和工作中重点关注产品制造和原料供应环节的碳减排，并着力打造绿色产品。

1.降低产品制造环节碳排放

为显著减少产品制造环节的排放量，制造企业可充分利用可再生能源替代燃料燃烧，并积极提升能效，提高废料回收利用。

采用可再生能源：制造企业可以采取多种促进可再生能源采用的举措。领先企业倾向于通过购电协议（PPA）和可再生能源证书来购买绿电，或通过投资建设自有的可再生能源系统。如科士达在多地工厂部署了分布式屋顶和地面光伏发电系统，其惠州分公司安装了约730千瓦的屋顶光伏系统和约400千瓦的地面光伏系统，年供电量分别约72万千瓦时和40万千瓦时，帮助企业显著减少了温室气体排放。

提升能源效率：推广新的制造技术是制造企业提升能效的众多有效途径之一。宝武集团八一钢铁厂正在试点富氧高炉和熔融还原炉（COREX），并在湛江和韶关钢厂引进富氢技术。此外，宝武集团还在探索高炉"超高富氧"鼓风技术和氢能炼钢技术的应用。

从废料中回收能源：从生产废料中回收能源是制造企业碳减排的另一有效抓手。中铝集团研发的"新型稳流保温铝电解槽节能技术"入选中国"双十佳"最佳节能技术，截至2019年，在全国铝企业推广产能150多万吨，每年可节电7.5亿千瓦时。

2.降低原料供应环节碳排放

原料供应环节也是制造企业的主要排放源之一，选择具备可持续发展优势的供应商和物流伙伴进行合作是降低该环节碳排放影响的重要手段。

原料选择：企业可通过制定并利用原料选择标准和环境影响评估工具的方式，

优先采购供应链中的绿色原料。比亚迪始终坚持绿色采购，其先后发布了供应商环境物质管理要求文件及对应作业指南。2018年，比亚迪生产性物料供应商全部通过质量体系认证，其中70%通过了环境和职业健康安全管理体系认证。宝武集团也在大力构建绿色采购管理体系，优先采购绿色原材料，积极引导供应商进行环境管理体系认证。2019年，宝武宝山、东山、梅山三大工厂的资材备件绿色采购比例达到6.2%。

原料物流：许多制造企业在选择供应商合作伙伴时，也开始将供应商是否具备适当的可持续发展计划纳入考量。

3.生产绿色产品

制造业企业的范围三排放大多来自产品在价值链下游被进一步加工及使用的环节，因此企业需倡导绿色产品的生产，协助下游减少在这两个环节的碳排放。蔚来汽车向其用户大力推广充换电服务，通过削减汽车生命周期所需电池的数量，减少了温室气体排放，同时将电池能源集中储存在换电站，实现了能效提升。此外，蔚来还宣布与中石化达成合作，充分利用中石化遍布全国的加油站网络推广蔚来换电站。宝武采用基于全生命周期评估的BPEI指数（宝钢产品环境绩效指数）对所售卖的产品进行可持续性评估，研发出面向电动车企的薄规格、高强度的无取向电工钢。

（四）建筑业

建筑业是维系人类生活的重要基石，属于碳密集型行业，通常需要开采、制造和运输大量原料用于最终的建筑活动。建筑业有三大高排放活动：所售卖产品（楼房和基础设施）的使用、原料供应和工地施工。为此，建筑业为达到碳达峰碳中和主要从这三个方面入手，开展相应减排工作。

1.打造绿色楼房和基础设施

设计和建造建筑物的方式会对温室气体减排产生举足轻重的影响。世界知名建筑企业豪赫蒂夫当前已完成超过800个经认证的绿色建筑和基础设施项目，并以高效运营和资源节约型的建造方式著称。例如，豪赫蒂夫在威尔希尔大厦项目的早期规划阶段，便纳入DGNB或LEED（能源与环境设计先导）等认证体系，将威尔希尔大厦建造成符合LEED金级认证这一高标准的豪华酒店，为其配备了创新型照明和气候系统等特色功能，大幅降低了楼宇整体能耗。

2.选择绿色建材供应商

这一举措包含改进建材的获取和使用，选择更可持续、合适的替代性材料等。除此之外，装配式技术也被众多建筑企业广泛采用，建筑企业可按需从工厂定制模块化材料，而非在建筑工地制造，防止因材料生产过多而造成能源浪费，并通过缩短项目工期来降低工地能耗。

3.降低施工现场碳排放

采用可再生能源：多家建筑企业在建造过程中利用可再生能源供电。万喜集团近年来不断增加可再生能源使用量，而这主要得益于其施工现场建造的光伏电站。此外，万喜集团还在工地上引进部分混合动力机器，并尝试将氢气、沼气等替代燃料作为多用途车的动力来源。上述举措落地后，2020年，可再生能源电力占万喜集团总用电量的17%，而且预计未来这一比例将进一步提升。

提升能源效率：优化作业流程和采用合适的节能增效技术也有助于实现建筑工地的碳减排。可利用提升供暖、制冷、空调和热传导效率的技术，并采取适当的隔热措施，将热量损失降至最低，避免用电损耗。

（五）数字信息产业

尽管数字信息产业自身的碳排放强度较低，但鉴于互联网和相关技术对各行各业公司的发展起到推动作用，数字信息产业仍需为价值链上下游的碳排放（范围三）承担起相应责任。

从碳排放活动来看，数字信息产业公司并非范围一的高排放企业。通常来说，互联网服务提供商产生的范围二排放较高，而科技公司产生的范围三排放量更大。因此，数字信息产业常见的减排举措主要聚焦于：数据中心的电力消耗、产品生命周期的碳足迹以及供应链带来的相关气候影响。除了这些领域以外，该行业的诸多公司正积极削减差旅、员工通勤和办公楼用电产生的碳排放，以期在短期内快速取得减排成效，具体行业内进展如下：

提高能源效率：许多公司已在致力于降低数据中心能耗，优化电力使用效率（PUE）。最广为接受的方法是向超大规模数据中心转型，通过更多的服务器共享系统（冷却和备份系统）来大幅减少用电量。同时，也有另一些公司通过部署先进技术降低能耗，如统一的计算基础设施、定制化刀片服务器、集中式存储和先进的电源系统。

采用可再生能源：在可再生能源采用方式中，可再生能源购电协议（PPA）和绿证仍是最受欢迎的可再生能源采购机制。然而，PPA 的可行性在很大程度上受制于地方政策。例如在中国，只有部分省份和城市允许用户参与 PPA 交易。作为替代方案，数字信息公司可以购买绿证来弥补减排缺口。通过以上策略，公司可以大幅减少范围二的气候影响。

使用环保材料：数字信息公司可以在电子设备生产过程中更多地使用可回收材料或低碳材料。电子设备中的大部分金属部件在开采、提炼、熔炼和铸造过程中会产生数吨的温室气体。致力于使用可回收材料的苹果公司选择打造定制铝合金而非使用原生锡，并在2019年成功减少了430万吨碳足迹。

降低生产环节碳排放：数字信息公司还可以通过在生产流程上应用碳减排技术来减轻对气候的影响。联想PC制造业务使用了低温锡膏（LTS）制造技术，可将印刷电路板组装工艺的能耗和碳排放量减少35%。

监测并约束供应链上的碳排放：除了监测供应链的碳排放，公司还可以提供额外的资源和支持，引导供应商走上碳中和的道路。联想组建了专门的全球供应链可持续发展团队，帮助供应商实现可持续发展。从 2021 年开始，联想面向供应商发出了有关科学减排的问卷调查，了解并分析了供应商在设立科学减排目标方面面临的挑战和困难，并根据供应商的需求举办了培训课程。截至 2021 年 4 月份，这一系列相关举措取得了很好的成效，成功鼓励了采购支出高达 3.6 亿美元的几家关键供应商已经或准备作出科学减排的承诺。

(六)金融服务业

金融服务业在经济碳减排中发挥着举足轻重的作用,对其他行业影响广泛且深远。尽管金融业的排放强度相对较小,但所管理的资本对各行业都至关重要。金融机构的融资机制可以对全国碳达峰碳中和进程产生重大影响。可提供针对可再生能源项目、能源效率提升计划等碳减排项目的资助。金融机构主要通过以下三大举措助力所融资活动的碳减排:

建立一套适用于不同产品的低碳评估框架:在制定框架时,金融机构对标赤道原则(EPs)、国际金融公司(IFC)绩效标准等行业基准。诸多领先金融机构制定了一系列详细的准则框架,并将其嵌入信贷或投资审批流程中,在提供金融服务之前,根据环境和气候标准评估客户表现。对于未达标的客户,金融机构可与之商定行动计划,帮助其在明确的时限内改善表现。

开发绿色金融产品/绿色投资基金,鼓励机构客户向更可持续的经营模式转型:金融机构可以开发一套完整的绿色金融解决方案,协助重排放行业逐步脱碳,推动可再生能源、清洁技术等基于自然的气候解决方案,实现创新发展,探索包括绿色债券、绿色贷款、绿色担保等一揽子碳减排解决方案,帮助企业购买清洁技术金融产品,开展能效优化项目,或投资于可再生能源及其他减碳项目。

参与碳交易:兴业银行与中国七个碳交易试点合作,提供存管、清算和结算服务,而且为有意向从事碳汇交易的公司提供中介服务。此外,金融机构还可以联合政府部门及资产管理公司,共同开发期权、掉期、期货、指数产品等碳相关金融衍生品。

第三章　国内外企业碳达峰碳中和进展

企业是实现碳达峰、碳中和目标的关键力量，跨国公司起到重要推动作用。当前，许多跨国企业正以自身的实际行动承担起绿色发展社会责任，推进国际合作。跨国企业积极推动全球节能减排，踊跃参与联合国及各国政府倡议，大力推动碳达峰、碳中和目标的实现。BP、壳牌、宝马、苹果等传统化石能源企业、国际巨头先后宣布了企业减排计划。初步统计，已有超过54%的世界500强企业明确设定了温室气体减排目标，至少17%的世界500强企业设定了碳中和或净零排放目标。截至2021年6月，中国已有至少20家大型企业明确宣布其碳中和目标，涉及工业、能源、金融、科技、制造等行业。

碳达峰、碳中和目标的提出对企业发展而言是挑战更是机遇。根据中金公司（CICC）预测，未来40年，中国需要140万亿元债务融资才能够达成碳中和目标。全球能源互联网发展合作组织（GEIDCO）也对实现碳中和的直接和间接投资进行了估算，2060年前，中国能源系统累计投资将高达122万亿元，带动整体投资规模将超过410万亿元，保守估计对未来40年每年GDP增长贡献率超过2%。作为推动碳达峰、碳中和目标实现的重要基础，我国全国碳排放权交易市场已于2021年7月16日正式上线，分别在北京、武汉、上海三地同步开启。这标志着全球最大体量的碳排放权交易市场正式启动，将直接影响企业的选择和行为。

综合来看，各国企业在推动落实碳中和战略过程中典型的做法包括如下几个：

第一，加快推进能源结构优化。各类能源企业严格控制化石能源消费，积极推动风电、光伏等清洁能源的发展，因地制宜开发水能，在确保安全的前提下积极有序发展核电，深化工业、建筑、交通运输等重要领域的节能建设，积极参与碳交易等市场建设。

第二，研发及应用碳中和相关技术。瞄准世界先进水平，加强低碳、零碳、负碳重大科技攻关，包括加大科技投入、部署研发项目、推动市场应用及开展国际合作等措施，大力推动了相关技术进步。尤其是在与碳中和紧密相关的储能、可持续燃料、氢能、零碳发电装机、碳捕集等技术方面，企业成为碳中和领域科技研发及应用的主体。

第三，进行绿色产品设计，激发公众对绿色产品和服务的需求。加快推进企业绿色低碳转型发展，加快产业结构调整，优化绿色产品设计，积极响应并参与循环经济发展，加快产业结构调整，优化绿色产品设计，积极响应并参与循环经济发展，重点推动电动汽车、节能电器、可回收家具等绿色产品研发，引导并不断满足广大消费者对于绿色产品日益增长的需求，推动形成多方主体协力推动碳中和目标实现的局面。

碳达峰、碳中和目标提出以后，各行业龙头企业积极响应，特别是能源行业、传统高耗能行业及部分科技企业，及时提出企业的转型发展目标，发布相关行动方案，助力国家碳达峰、碳中和行动。企业推进碳达峰、碳中和的举措主要包括：加快能源生产清洁化、能源消费电气化、能源利用高效化；推广布局清洁低碳商业模式；加强碳足迹管理等，如表3-1所示：

表3-1　　　　　　　　　　　部分企业碳达峰、碳中和目标

名称	目标和任务
国家电网	以加快能源生产清洁化、能源消费电气化、能源利用高效化，推进能源电力行业尽早以较低峰值达峰
国家电投集团	计划于2023年实现其在国内的碳达峰

续表

名称	目标和任务
中国石油	积极布局清洁生产和绿色低碳的商业模式,力争2025年前后实现碳达峰,2050年前后实现净零排放
中国石化	中国石油化工集团公司提出将推进化石能源洁净化、洁净能源规模化、生产过程低碳化,力争在2050年实现碳中和
大唐集团	发布《中国大唐集团有限公司碳达峰与碳中和行动纲要》
华电集团	力争在2025年实现碳达峰,新增新能源装机7 500万千瓦时,非化石能源装机占比达到50%以上,全口径碳排放强度较"十三五"末下降17%
包钢集团	力争2023年实现碳达峰,力争2050年实现碳中和
中国联通	发布《"碳达峰、碳中和"十四五行动计划》,明确将建立三大碳管理体系,即碳数据管理体系、碳足迹管理体系、能源交易管理体系,助力行业绿色低碳高质量发展迈上新台阶
远景科技集团	2022年底实现全球业务运营碳中和,2028年底实现全供应链碳中和

本节将对来自国内外不同行业的六个具有代表性的企业的碳达峰碳中和工作进展进行简要介绍,如下所示:

一、敦豪——交通运输业

德国邮政敦豪集团(DHL)是全球领先的物流公司,业务遍及220余个国家和地区。2020年,DHL报告了3 300万吨二氧化碳排放当量。DHL凭借可持续的商业实践,为世界作出了积极贡献,它宣布到2030年,将温室气体排放量减少至2 900万吨以下,且力争到2050年实现物流运输环节碳中和。

打造可持续航空运输:航空运输是DHL最大的温室气体排放源,DHL已采取多项举措降低该领域碳排放。例如,通过提升能效促进航空运输业务碳减排,持续投资于飞机现代化,提高飞机的能源利用率,进而减少温室气体排放。迄今为止,DHL已投入使用22架波音777货机,与上一代机型相比,该货机由于使用高效能燃油技术，可减少18%的碳排放量。DHL还致力于开发新技术以优化运营，如确定理想的重量平衡，优化物流网络设计，选择高效的承运交通工具以进一步提高运营效率。此外，它还积极参与可持续航空燃料（SAF）开发，增加飞机燃料中的可再生能源占比，并与各利益相关方合作开展开创性研究工作，促进可持续生物燃料合成煤油在过渡期的使用。

建设可持续设施：DHL拥有仓库、分拣中心、物流枢纽、办公楼等大量实体资产，目前正积极利用前沿绿色技术，为其在220余个国家和地区的业务网络开发绿色建筑或改造现有建筑。2020年，DHL近80%的电力来自可再生能源，并致力于到2030年将全球业务的可再生能源供电占比提高至90%以上。集团在其脱碳路线图中宣布，所有正在建造的新建筑都将达到碳中和标准。

制定2030重点目标和举措：DHL与燃料供应商保持密切沟通，不断提高可持续航空燃料的使用比例，使可持续航空燃料的占比到2030年至少达到30%。作为欧洲电动车行业的引领者及最大的电动车队运营商，DHL将在2022年前将电动车队规模从如今的15 000辆扩大到21 500辆。2025年，DHL的配送车队将由37 000辆电动车构成，其中包括传统整车制造商的电动商用车。到2030年末，DHL计划推动最后一公里配送车辆实现60%的电动化。

二、伊利——农业食品业

伊利是全球乳业五强，亚洲第一大乳业公司。2019年，伊利报告了190万吨温室气体排放（范围一和范围二）；其碳排放强度从2012年的377kg CO_2/吨终端产品降至2019年的214kg CO_2/吨终端产品。伊利致力于到2060年实现碳中和，目前正着手制定详细的实施路线图。已进行的重要碳减排活动如下：

推动低碳食品加工制造：自2014年以来，伊利投入9 000万元人民币，将燃煤锅炉改造为天然气锅炉。到2020年底，除三家工厂因当地供应不足未能采用天然气锅炉外，其余所有工厂均已使用天然气锅炉。全部更换天然气锅炉的单位在更换后较更换前合计减排 58 万吨/年。伊利还引进了余热回收、热泵等一系列绿色技术以提高工厂的能源利用效率。截至 2020 年 12 月 31 日，伊利旗下 24 家工厂通过 ISO 50001 认证，19 家分（子）公司被工信部评为国家级"绿色工厂"。得益于 2020 年的专项推进节能项目，伊利成功将运营成本降低 1 亿元，节约电 4 800 多万度，节约水 400 万吨，节约天然气 430 万立方米，节约煤 2.8 万吨。

推动养殖活动碳减排：伊利创新中心正致力于研究如何利用植物吸收和降解动物粪便，同时考虑在牧场选址上落实低碳原则，例如与高纬度地区牧场合作以降低奶牛产生的碳排放。

探索直接采购绿电的可能性：伊利将评估各个工厂所在地的可再生能源政策、法规，并积极与当地政府沟通，争取获得绿电直接采购配额。

三、博世——工业制造业

博世集团（Bosch）是全球领先的技术及服务供应商，业务遍及世界各国。2020 年第一季度，博世宣布在全球超过 400 个业务所在地实现碳中和，并有外部独立审计公司认证。博世集团为实现碳中和系统地应用了四大举措：提高能源效率、使用可再生能源、采购绿色电力，以及作为最后的手段——用碳汇来抵消不可避免的碳排放。在已实现范围一和范围二碳中和的基础上，博世计划到 2030 年将上游和下游排放量（范围三）系统性地减少 15%。

提升制造流程的能效：博世计划到 2030 年通过提高厂房所在地的能效来节省 1.7 TWh 的能源。自 2019 年以来，该公司已在全球启动了 2 000 多个项目，并实现了 0.38 太瓦时的节能成效。当前，100 多个公司所在地已通过成功接入博世能源平台这一智能能源管理系统，实现了显著的能源节降。

部署可再生能源：在新能源的旗帜下，博世旨在推动可再生能源发电——通过公司自发电力和长期供电合同，最终使新建光伏电站和风电场成为可能。博世致力于到 2030 年实现公司内部所使用能源中有 0.4 太瓦时来自可再生能源。与此同时，博世在2020年与德国的三个能源供应商签订了长期供电协议，旨在新建可再生能源工厂。

购买绿电：为加速碳减排进程，博世同样致力于从现有电站中外购绿电。2020年，绿色电力已占全球电力供应的83%，且这一比例未来有望进一步扩大。博世采取的策略是，初期在高耗能地区集中采购电力，之后推广至其他区域。

四、斯堪斯卡——建筑业

瑞典斯堪斯卡公司成立于1887年，是全球领先的建筑和项目开发公司，专注于北欧本土市场、欧洲其他国家以及美国市场。2019年，斯堪斯卡报告了210万吨二氧化碳排放当量，其中约26万吨来自范围一和二，约190万吨来自范围三（不包括售出产品的使用这一建筑公司最大的范围三排放源）。与基准年（2012年）相比，斯堪斯卡公司2019年范围一和二的碳排放降低28%。公司承诺到2045年在自身业务活动及整个价值链（范围一、二和三）中实现碳中和。其现有的碳减排行动包括：

打造绿色建筑及基础设施：斯堪斯卡公司设计建造产能建筑，此类建筑的电力产出大于消耗。以其世界最北端的产能办公楼为例，该建筑的屋顶倾斜角为19.7度，为光伏太阳能电池板提供最优倾角以达到最佳的太阳能收集效果，该建筑日均产生的电力是其消耗量的两倍之多。

选用可持续材料：多年来，斯堪斯卡一直致力于寻找和使用可持续材料。例如，它在瑞典开发了一种低碳混凝土混合物，利用钢厂产生的炉渣或发电厂生产的粉煤灰代替了一部分水泥。这种混凝土产生的碳排放量最多可减少50%，同时仍可保持高耐用性、强度和可加工性。在美国，斯堪斯卡正在主导一个合作伙伴关系，开发出一种创新工具，即在建筑中的隐含碳计算器（其名称为EC3）。这一免费、开放访问的工具可以在建筑项目的设计和采购阶段实时查看项目的整体隐含碳排放量和潜在节约量，并对材料制造商的隐含碳排放量进行分类和评估，从而确定最低碳的采购方案。

推动施工流程碳减排：斯堪斯卡联合挪威科技工业研究所、沃尔沃及软件公司 Ditio，共同开发智能施工机械。这些机械设备共享位置和任务，能够利用机器学习、路线优化、人工智能等技术优化和安排后续任务，提高运行效率，降低碳排放。

五、华为——数字信息产业

华为创立于 1987 年，是全球领先的信息与通信技术（ICT）基础设施和智能终端提供商。2019 年，华为所报告的范围一和二的排放量共计 220 万吨二氧化碳当量，但每百万元人民币销售收入的碳排放（范围一和二）较基准年（2012 年）下降 32.7%，减碳成效显著。华为致力于到 2025 年将碳排放进一步降低 16%。已进行的减碳举措包括：

借力科技推动内部运营碳减排：华为始终致力于推动自身运营节能减排，覆盖从园区设施、研发实验室、数据中心到工厂的方方面面。2019 年，华为引入"智慧园区能耗解决方案"，开启了园区管理的数字化转型，并将该方案陆续推广至各地园区，全年实现节能超过 15%。华为借助模块化不间断电源（UPS）解决方案、间接蒸发冷却技术等先进技术，将数据中心 PUE 降至 1.2，大幅降低了碳排放。

促进循环经济：华为优先选用环境友好型材料，减少原材料的使用，提升产品耐用性、易拆解性，完善产品回收体系，促进循环经济发展，削减温室气体排放。华为在全球范围内建立了电子废弃物处理系统，将电子废弃物经环保处理后分离出铜、钴盐/铁、铝、铜砂、树脂粉、塑料等原材料，并投入再利用。2020 年，华为回收处理的电子废弃物超过 4 500 吨，全面提高了资源利用率。

开发绿色产品：华为基于产品全生命周期环境影响评估（LCA）方法，对产品碳足迹进行了系统评估，发现网络设备的碳排放主要来自使用阶段。为此，华为大力开发节能技术，降低 ICT 产品的端到端能耗，助力各行各业节能减排。以 NetEngine 8000 X8 路由器为例，该设备相比业界同类产品，每比特数据的功耗降低 26%～50%，每台设备每年就可节电约 9 万度。

携手供应商共建绿色供应链：华为积极与供应商协作，共同打造绿色供应链。华为将环保要求融入公司的采购战略和采购业务流程，引入国际能效检测与确认规程（IPMVP）等广受认可和采纳的节能认证机制，鼓励并引导供应商制定节能减排计划。2019 年，共计 35 家供应商参与节能减排项目，累计实现碳减排 80 144 吨。

六、兴业银行——金融服务业

兴业银行成立于 1988 年，是中国首批股份制商业银行之一，现已成为一家以银行业为主体，涵盖其他多个金融领域的中国主要商业银行集团。兴业银行是中国首家加入赤道原则（EPs）的银行，该原则是金融机构采纳的一种风险管理框架，旨在确定、评估和管理项目中的环境与社会风险。目前已实施的碳减排行动包括：

开发多元绿色融资产品及服务：如其他金融机构一样，价值链是兴业银行的首要温室气体排放源，尤其是被投项目和企业。因此，兴业银行将发展绿色融资产品视为脱碳进程中的重要支柱。作为国内首家"赤道银行"，兴业银行于 2006 年率先开展绿色金融业务，已在该领域深耕 15 年，形成涵盖绿色融资、绿色租赁、绿色信托、绿色基金、绿色理财、绿色消费等多门类的集团化绿色金融产品与服务体系，在绿色金融领域形成先发优势。截至 2021 年 3 月末，兴业银行累计为 3 万多家企业提供绿色融资逾 3 万亿元，绿色融资余额超 1.2 万亿元，已成为全球绿债发行规模和余额最大的商业性金融机构。特别是该行所支持的节能减排项目，预计每年可减少二氧化碳排放 8 587 万吨，相当于关闭了 196 座 100MW（兆瓦）的火电站。

积极参与碳交易市场：兴业银行积极参与国内碳排放交易市场建设，与我国七个碳交易试点省市全部签署了战略合作协议。结合国际和国内碳市场的参与经验，兴业银行为碳市场和交易主体提供了包括交易架构及制度设计、碳交易资金清算结算、碳市场履约、碳资产质押融资、碳交易中介等一揽子金融服务方案，涵盖了项目建设和市场交易的前、中、后各个环节，并在上海、广东、天津、湖北等重点区域，作为主要清算银行参与完成碳市场交易，完成交易系统开户与结算对接。在与监管部门、碳资产管理公司合作方面，兴业银行探索成立引导基金、担保基金等产品，同时研究开展碳金融衍生品，包括远期、期货、期权等交易工具，以及碳指数、碳债券、碳资产支持证券（ABS）等可交易的结构化创新产品。

第四章　碳达峰碳中和核算体系

一、温室气体核算标准体系

（一）区域温室气体核算标准体系

温室气体清单是可以针对国家、省份、城市、组织层面等不同核算对象的温室气体排放量进行核算的标准和编制温室气体清单的指南。世界各国在制定本国的温室气体核算体系时大多都以《IPCC 指南》为准。IPCC 温室气体清单编制方法是《联合国气候变化框架公约》各缔约方指定采用的国家清单编制方法，目前已得到国际的广泛认可。《IPCC 指南》由五卷组成，清单中涵盖二氧化碳、甲烷、氧化亚氮、氢氟烃、全氟碳、六氟化硫等导致温室效应的气体。第一卷是其他卷的综合指导的综述，给出了总体的清单编制步骤，包括从初始的数据收集到最终的报告，并为每个步骤所需的质量要求提供了指导意见，属于一般性指导意见。第二卷至第五卷则属于详细指导，分别对应四个不同经济部门清单编制工作，包括能源、工业、农业土地利用、废弃物。第一卷与其他几卷形成交叉参照、互为补充的关系。

《IPCC 指南》主要为面向国家和区域层面的温室气体清单编制工作，其中所采用的排放因子以及活动数据属于国家以及区域层面的数据。《IPCC 指南》的碳排放方法是分五个经济部门计算碳排放的方法，目标是帮助各《联合国气候变化框架公约》的缔约方履行汇报温室气体源的排放和汇的清除清单以及提交温室气体排放清单义务，使各国在编制温室气体排放清单时采用透明、可比较的方法，使之在进行计算时既不会高估也不会低估，并尽可能降低计算误差。

1.国家温室气体清单

2021 年 8 月，联合国政府间气候变化专门委员会（Intergovernmental Panel on Climate Change，IPCC）发布《第 6 次评估报告》（Sixth Assessment Report，AR6）的第一部分《2021 年气候变化：自然科学基础》（IPCC，2021）。该报告明确指出，立即、迅速和大规模地减少温室气体排放的行动是必要的，否则将全球气温上升控制在接近 1.5℃或者是 2℃是无法实现的。由于认识到人为温室气体排放增加所产生的气候变化不仅会导致海平面上升、极端气候事件频发等，同时也会为人类发展带来全方面的灾难，例如对人类健康、粮食生产、生态系统的威胁等，早在 20 世纪 80 年代，国际组织开始致力于对气候变化的科学评估，为减缓气候变化、探索减少温室气体排放的方法提供助力。中国作为世界上最大的发展中国家，主动承担温室气体排放责任，于 2020 年提出"力争 2030 年前实现碳达峰，2060 年前实现碳中和"。"双碳"目标的设定不仅事关中华民族永续发展，同时也是构建人类命运共同体的必然需求，而了解与认识已有的国际温室气体排放核算清单是实现"双碳"目标的第一步。鉴于此，本书分别从国家宏观尺度、企业微观尺度以及城市中观尺度等 3 个尺度系统梳理现有的国际温室气体排放核算清单。

1）基于国家宏观尺度的温室气体排放清单

（1）IPCC 国家温室气体清单指南[11]

IPCC 于 1988 年由世界气象组织（World Meteorological Organization，WMO）和联合国环境规划署（United Nations Environment Programme，UNEP）联合创建，其主要目的是科学评估气候变化，包括评估其规模、时序变化、潜在的环境和社会经济影响以及提出减缓气候变化的应对策略等。IPCC 通过其在国家温室气体清单方法方面的工作，为《联合国气候变化框架公约》（United Nations Framework Convention on Climate Change，UNFCCC）提供支持。IPCC 公布的《IPCC 国家温室气体清单》是迄今为止接受度最高、应用范围最广的国家层面温室气体排放清单指南。当前使用的版本是 2006 年发布的《2006 年 IPCC 国家温室气体清单指南》（IPCC 2006）（IPCC，2006），并于 2019 年发布《2006 年 IPCC 国家温室气体清单指南 2019

年细化报告》（以下简称《2019年细化报告》）（IPCC，2019）。《2019年细化报告》需与IPCC 2006指南结合使用，该报告主要是补充IPCC 2006中没有覆盖的温室气体排放源和碳汇、识别因新兴技术和生产过程出现产生的差异以及对排放因子的更新。

IPCC 2006指南将温室气体排放源和碳汇划分为能源、工业过程和产品使用（IPPU）、农业、林业和其他土地利用（AFOLU）、废弃物以及其他等5大类。每一大类包括各个类别（如交通）和亚类（如轿车）。最终，各国会从亚类层面建立清单。每种气体排放量和清除量的总和即是国家总量。此外，源于国际运输轮船和飞机中燃料使用的排放不包括在国家总量中，而是单独报告。IPCC指南中提供的排放因子法是目前应用最为广泛的核算温室气体排放的方法，即把有关人类活动发生程度的信息（称为"活动数据"；Activity Data，AD）与量化单位活动的排放量或清除量系数（即排放因子；Emission Factor，EF）结合起来。根据方法的复杂程度与各国可获取数据的详细程度，指南将方法学分为3个层级：第1层为方法1（Tier 1 method），是基本方法；第2层为方法2（Tier 2 method），是中级方法；第3层为方法3（Tier 3 method），要求最高。方法2和方法3被称作较高级别方法，通常认为结果更为准确。以能源大类中的化石燃料燃烧为例，方法1是根据燃料燃烧的数量与平均排放因子进行计算，该方法旨在利用已有的国内与国际统计资料，结合使用排放因子数据库（EFDB）提供的缺省排放因子和其他参数进行计算，尽管对所有国家切实可行，但对国家的代表性不足。方法2是根据燃料燃烧的数量与特定国家排放因子进行计算。方法1与2的主要区别是排放因子的选择不同，由于方法2是使用各国自身的排放因子，相较于方法1，方法2更值得推荐。方法3是对燃料气体的持续排放进行监测，该法成本相对较高，可行性不高，因此，通常不使用该方法估算国家排放。

（2）欧盟EMEP/EEA

当前欧盟的国家温室气体排放清单的编制是以《EMEP/EEA空气污染排放清单指南（2019修订版）》（2019指南）为指导开展的，该指南提供了测算人为和自然排放源排放的指导。欧盟 EMEP/EEA 最早可追溯到欧洲共同体于 1985 年提出的一项工作计划——环境信息协调（Coordination Information Environnementale，CORINE）。该工作计划旨在收集欧洲共同体环境和自然资源信息，并协调和确保信息的一致性。空气排放清单（CORINAIR）是该项计划的组成部分之一。然而，CORINAIR1985 并 不 包 含 温 室 气 体 ， 直 至 其 更 新 版 CORINAIR1990 将 CORINAIR1985 清单中涵盖的物质扩展至 8 种，温室气体（CO_2、N_2O、CH_4）才列于清单中（EEA，2019）。其后，欧盟环境署（European Environment Agency，EEA）分别于 1996 年、2002 年、2006 年、2007 年、2009 年、2013 年、2016 年以及 2019 年对清单指南进行更新，并于 1994 年与 2009 年对指南进行更名。

该指南可协助公约缔约方履行其在公约下的排放报告义务，UNFCCC 是其成员国需履行的公约之一。因此，该指南明确指出，确保用于报告空气污染物排放的部门定义与用于报告 UNFCCC 的温室气体排放清单的部门定义保持一致性是该指南的优先事项。该指南提供的主要核算方法也为排放因子法，并且同样根据方法的复杂程度与数据的可获取性采用区分层级的方法评估排放。方法 1 假设活动数据与排放因子之间存在简单的线性关系。活动数据来源于现成的统计信息（能源统计、生产统计、交通量、人口规模等）。选择默认的方法 1 排放因子来代表"典型"或"平均"过程条件，计算过程与技术无关。方法 2 使用与方法 1 相同或类似的活动数据，但应用特定的国家排放因子（需要使用特定国家的工艺条件、燃料质量、减排技术等信息制定特定的国家排放因子）。在多数情况，该方法也可用于计算更为细致分类的数据，通过进一步细分活动数据，将同质过程的活动归纳为同一子类进行计算。方法 3 通常应用于测算微观排放源产生的排放。该方法可能需要利用企业级别（facility-level）的数据（例如污染物排放和转移登记数据、来自工业排放交易计划的数据）或是复杂的模型（例如用于道路运输排放 COPERT 模型等）。

（3）美国 EPA 碳核算体系

美国环境保护署（United States Environmental Protection Agency，EPA）公布了

两套温室气体排放清单，分别是《美国温室气体排放与沉降清单》与《温室气体报告计划》（Greenhouse Gas Reporting Program，GHGRP），通过两个互补清单跟踪温室气体排放。最新版本《美国温室气体排放与沉降清单 1990—2019》（以下简称《清单》）于 2021 年 8 月公布（EPA，2021）。《清单》提供了对 IPCC 2006 指南中确定温室气体排放源的温室气体排放的全面核算，用以了解与 UNFCCC 报告指南一致的美国温室气体排放量；而 GHGRP 提供自下而上的企业级别信息，有助于增强对各个企业和供应商的温室气体排放源和类型的理解。虽然 GHGRP 没有覆盖美国年度温室气体排放和碳汇的全部范围（例如，GHGRP 不包括农业、土地利用和林业部门的排放），但它是计算国家层面排放的重要基础。现有的 GHGRP 清单包括 41 个行业超过 8000 个排放源和供应商。受 GHGRP 约束的分排放源的企业于 2010 年开始年度报告，而其他类型则于 2011 年开始报告。

《清单》使用与 IPCC 2006 指南一致的方法估计各种排放源和碳汇的温室气体排放，并选择使用较高级别的方法（方法 2 与方法 3）进行核算。《清单》在很大程度上利用了已发布的官方经济和统计数据来获取活动数据和排放因子。随着新研究和数据的出现，EPA 在可能的情况下用其他可用的国家特定方法和数据对基础数据进行补充，尽可能降低数据的不确定性。由于 GHGRP 提供企业级别的数据，EPA 使用多个类别的 GHGRP 数据改进国家估计。GHGRP 中使用的方法与 IPCC 2006 指南中的方法一致，并且采用"更高级别"的方法（例如方法 3），例如直接收集企业或工厂特定的测量值。GHGRP 不仅可用于改进和完善国家排放估算和趋势，还允许 EPA 分解国家清单估计值，以突出区域和排放子类别之间的差异。

2）我国温室气体清单编制现状

我国已初步构建了国家温室气体清单编制体系。在全球环境基金（GEF）赠款的支持下，我国先后 3 次启动国家信息通报能力建设项目，组织国家温室气体清单编制，分别于 2004 年、2012 年和 2019 年向 UNFCCC 秘书处提交《中华人民共和国气候变化初始国家信息通报》《中华人民共和国气候变化第二次国家信息通报》和《中华人民共和国气候变化第三次国家信息通报》，详细分析了我国 1994 年、2005

年和2010年温室气体排放情况；2017年和2019年提交了《中华人民共和国气候变化第一次两年更新报告》《中华人民共和国气候变化第二次两年更新报告》，分别披露了2012年和2014年国家温室气体排放信息[11]。

国家清单编制工作机制基本确立。现阶段，在国家应对气候变化及节能减排工作领导小组指导下，生态环境部总体负责国家温室气体清单编制和发布工作；应对气候变化司具体负责国家清单编制的组织管理，并通过项目招投标方式选定国家气候战略中心、清华大学、中国农科院、中国科学院、中国林科院和中国环科院等6家技术单位分别承担能源活动、工业生产过程、农业活动、土地利用变化和林业、废弃物处理领域的清单编制和报告起草工作。清单基础数据主要由国家统计局、主管相应行业的部委和电力、钢铁、石油化工等行业协会提供。

我国清单质量逐步获国际社会认可。UNFCCC秘书处基于我国第一次两年更新报告所作的技术分析报告显示，对比1994年、2005年和2012年国家温室气体清单，我国清单编制已从最初完全采用《IPCC国家温室气体清单编制指南（1996年修订版）》过渡到众多排放源开始采用《2006年IPCC国家温室气体清单编制指南》；覆盖的排放源逐步完整，核算的温室气体种类从最初的二氧化碳、甲烷和氧化亚氮增加到6种；编制方法学已从采用IPCC缺省排放因子的低阶方法演变成更多排放源采用本国化参数的高阶方法。不过，国际专家组也明确指出，我国清单报告的透明性、排放源的完整性以及时间系列的一致性仍存在较大改进空间。

3）我国温室气体清单编制面临的主要挑战

气候变化国际履约要求日益强化。一是国家清单编制频次大幅增加。《巴黎协定》实施细则要求，所有缔约方不晚于2024年提交气候变化透明度双年报告，随后每两年提交一次，每次提交的报告应包括自2020年开始每个年度的温室气体排放清单。二是履约报告编制质量要求更高。新规则要求各缔约方提交的年度国家温室气体排放清单应全面依据IPCC发布的编制指南，提供详细计算过程，基础数据收集与分析须更加规范。三是国际专家审评愈发严格。包括我国在内的所有发展中国家提交的透明度双年报告应接受国际专家评审和多边审议，涉及重大、持续性的问题应交由《巴黎协定》遵约委员会组织跟踪。

国家温室气体清单管理机制亟须健全。与欧美等发达经济体不同，我国现阶段国家温室气体清单的编制缺乏法律基础，尚未专设国家清单编制机构，清单编制与履约报告编写等工作主要以项目招标方式委托各研究机构实施，部分基础数据依靠专家收集或调研估算，工作连贯性与数据可靠性均受到很大影响。我国尚未建立适应履约新规则的工作机制，国家清单和履约报告编制涉及能源、工业、农业、林业、住建等多个领域，这些领域的主管部门参与程度较低，生态环境部门跨部门协调数据、收集信息难度较大。在生态环境部内部，虽已有多年实践积累、涵盖多个环境要素和涉及不同排放源的生态环境调查数据，但对于编制国家清单的技术支撑还比较有限。

能源统计基础工作亟须夯实。我国现行能源统计工作为国家清单编制提供了重要的数据基础，不过，仍存在一些亟待完善的地方，主要表现为：一是统计调查覆盖范围不全，目前能源统计侧重工业能耗，农业、建筑业、交通运输业、商业等领域能源消费统计基础薄弱，且工业领域能耗仅涉及规模以上工业企业，规模以下能耗主要依靠统计调查队抽样调查进行研判。二是统计内容深度不够，能源品种分类统计有待细化，如能源平衡表未包括薪材、秸秆等非商品能源，无风能、水能、太阳能、核能、地热、生物质燃料等非化石能源统计细项；我国煤炭固体燃料统计仅包括煤制品、洗精煤、原煤、其他洗煤和焦炭5项，而国际上煤炭固体燃料则涵盖炼焦煤、次烟煤、泥煤、型煤、褐煤、其他烟煤、无烟煤、焦炉焦、气焦和专用燃料；能源平衡表加工转换部门中未细分自备电厂，终端部门对化石燃料的非能源利用信息披露不完整。三是统计报表单一且时效性较差，现行能源统计主要采用能源统计平衡表，可供分析的资料少、利用率低，编表所需资料缺口大，缺乏科学有效的推算方法和评估手段。

4）推动国家温室气体清单高水平编制的对策建议

一是借鉴国际经验，健全和完善长效的国家清单管理模式。欧盟及其成员国排放清单管理比较规范，清单管理具有良好的法律基础，建议我国借鉴欧盟相关优良做法，专设清单编制技术机构，健全清单管理体制。欧盟针对清单工作专门出台了《监测机制条例》，以法律授权形式明确了清单编制负责机构、配合部门以及技术支持机构。在各成员国，清单编制的第一层级为国家清单协调或指导委员会，委员会代表来自相关政府部门，其中气候变化主管部门被指定为清单牵头机构，对内负责年度清单的具体组织和领导工作，对外负责向欧盟委员会气候变化行动局和公约秘书处提交清单报告及接受评审。第二层级为清单编制技术支撑机构，国家清单牵头单位通过遴选某一研究机构负责国家清单编制的所有技术性工作，如法国跨行业大气污染研究所（CITEPA）被指定为法国清单编制机构，同时它也是欧盟清单编制的技术单位。

二是加强顶层设计，构筑广泛的国家清单编制统一战线。鉴于国家清单核算基础数据分散在统计、农业、住建、林业等不同部门相关统计报表中的客观情况，建议参考IPCC相关核算要求，完善国家清单核算顶层设计，强化相关统计指标口径与范围的一致性管理，打通跨部门数据共享渠道，压实各部门在国家清单核算方面的责任义务，补齐在能源、农业、住建和林业等领域的编制工作短板。为适应国家清单编制频次加密要求，建议财政部门将国家清单编制与履约相关报告编写等的工作经费纳入年度财政预算，改变目前编制工作高度依赖国际资金支持的尴尬局面。同时，建议加强统筹管理，探索在生态环境统计调查体系中增加温室气体相关统计指标，同时积极开展基于排放源调查数据的国家清单核算交叉验证工作。

三是完善能源消费统计，加强能源核算管理制度能力建设。建议对标国际增补相关能源消费统计指标，细化相关内容，完善能源平衡表体系，加快完善满足国际履约要求的能源统计数据资源供应体系，逐步改变单纯依靠全面报表的调查模式。基于大数据管理和信息化手段创新统计调查机制，推进年度调查、抽样调查或典型调查相结合，定期（每3年~5年）组织开展一次专项调查和重点调查，及时反映能源利用效率变化，为能源活动碳排放达峰工作的开展提供有力支撑。

2.省级温室气体清单

中国是《联合国气候变化框架公约》首批缔约方之一，属于非附件一缔约方，需提交国家信息通报，目前中国第三次国家信息通报以及两年更新报告工作正在开展。为了进一步加强省级温室气体清单编制能力建设，国家发展改革委气候司组织多个单位的多位专家在编制国家温室气体清单工作的基础上，参考《IPCC指南》相关核算方法理论，编制出《省级温室气体清单编制指南》（下文简称《省级指南》），并在广东、湖北、天津等七个省市进行试点编制。省级温室气体清单是对省级区域内一切活动排放和吸收的温室气体相关信息的汇总清单。《省级指南》主要用于指导编制2005年省级温室气体清单，也逐步适用于区域层面的温室气体核算的指导工作，具有科学性、规范性和可操作性。《省级指南》共包括七章内容，与《IPCC指南》一致同样是按部门划分，分为能源活动、工业和生产过程、农业、土地利用变化和林业及废弃物处理。不同部门的清单编制指南分布在第一至第五章，为碳排放计量工作提供指南。除此之外还包括不确定性方法以及质量保证和控制的内容。

（1）《省级指南》制定机构

我国政府层面组织的省级温室气体排放量化工作源于2007年地方应对气候变化方案编制。直至2010年，国家发展改革委正式发布文件要求启动审计清单编制工作。国家发展和改革委员会气候司响应工作号召，组织国内多所著名高校以及多所著名研究所、研究中心等多位专家进行《省级指南》的编制工作，以更快地满足各地方指定清单编制工作方案的要求。

（2）《省级指南》适用对象

《省级指南》与其他国际上的温室气体清单编制指南相比更适合我国在进行区域温室气体清单编制的工作时使用，主要表现在指南对于温室气体核算所使用的碳排放因子与《IPCC指南》中推荐的缺省排放因子不同。《省级指南》中给出的碳排放因子是针对我国国情进行修改，更加符合我国能源消耗结构具体情况的。即使是没有给出具体的碳排放因子时，《省级指南》给出了计算碳排放因子所需的具体数值以及核算步骤，这些具体数值也更符合我国国情。例如省级指南中的化石燃料碳氧化率有具体针对不同部门有不同的氧化率，而《IPCC指南》中的碳氧化率则全部统一视为完全燃烧的情况，不具针对性。因此，《省级指南》完全是针对我国具体国情而编制的清单指南。

3. 市级温室气体清单

相较于国家温室气体排放核算清单与省级温室气体排放清单，城市温室气体排放清单研究起步较晚，并且城市温室气体排放清单的编制在方法、分类上借鉴了国家清单和省级清单。由于众多国际机构参与城市排放清单的编制，城市清单较为丰富，本书选择2个具有代表性的国际清单进行介绍。

（1）城市温室气体排放的国际标准

联合国环境规划署（United Nations Environment Programme，UNEP）、联合国人类住区规划署（United Nations Human Settlements Programme，UN-Habitat）和世界银行（World Bank，WB）于2010年9月公布《城市温室气体排放的国际标准》（International Standard for Determining Greenhouse Gas Emissions for Cities，ISDGC）（UNEP et al.，2010）。标准依循IPCC指南中的原则和方法，要求对能源（固定源和移动源）、工业过程和产品使用、农林业和其他土地使用以及废弃物产生的排放进行核算。同时，该标准也采用GHGP中的分类方法，将排放分为范围1、范围2和范围3，并且将由城市内活动导致的边界外排放包括在内。由于无法核算所有在城市内被消费的货物和材料相关的排放，ISDGC要求城市清单必须包括：城市内消费的边界外电力生产和区域热力生产排放（包括转移和分配损失）、从城市运送乘客或货物的航空和海运的排放、城市内产生的废弃物导致的边界外排放[14]。

ISDGC采用的核算方法主要是IPCC 2006指南中给出的方法。而对隐含在城市消费的食物、水、燃料和建筑材料中的排放，根据Ramaswami et al.（2008）给出的基于混合生命周期的方法，将直接能源消费和排放因子与基于生命周期的隐含能源消费相结合，进行核算。

（2）PAS 2070

英国标准协会（British Standards Institution，BSI）在大伦敦政府的支持下于2013年10月公布了城市温室气体排放评估规范（PAS 2070：Specification for the assessment of greenhouse gas emissions of a city，PAS 2070）（BSI，2013）。PAS 2070在遵循国际认可的温室气体核算和报告的原则下，提出了满足特定要求的用于评估城市或城市区域的温室气体排放的方法[10]。同时，PAS 2070以英国伦敦为例，给出详细的数据收集、排放核算和报告模板等技术细节，用以帮助PAS 2070的使用者在实际过程中按照该指南实践（BSI，2014）。该指南包括直接温室气体排放（即城市边界内的排放来源），也包括间接排放（即为了满足城市边界内的消费和使用需求在城市边界外生产的货物和服务）。《京都议定书》中的6种温室气体是PAS 2070的核算气体。

指南中提供了两种方法核算温室气体排放。一是直接加供应链排放核算方法（Direct Plus Supply Chain methodology，DPSC）。该方法建立在《社区温室气体排放清单全球议定书》（GPC）（WRI et al.，2014）的基础上，核算了更大范围的间接温室气体排放。二是消费排放核算方法（Consumption-based methodology，CB）。该方法核算了由城市内的最终消费者消费的所有货物和服务的直接排放和生命周期排放。CB方法不考虑城市内产生并且出口到城市外进行消费的货物和服务、游客活动或是提供给游客的服务而产生的排放。该指南不推荐使用纯粹的地理核算方法，但是在城市边界中产生的排放可以作为DPSC方法的一部分。

（3）市县级温室气体清单编制方法

由于省级与市县级的数据统计来源和水平差异较大，省级温室气体清单编制的经验不能直接用于市县级，并且在工业过程领域编制方法有较多区别。各地市逐步开展了市县级温室气体清单编制试点工作，并要求编制市县级的温室气体清单报告。本书结合编制广东省、市县温室气体清单的经验[11][12]，根据清单编制过程中掌握的市、县的数据统计特点，有针对性地提出了收集工业生产过程排放的活动水平数据的来源、优先顺序及数据处理方法，用于指导市县级编制工业生产过程清单报告。

第一，工业过程领域编制范围和方法

工业生产过程温室气体排放清单报告是工业生产中能源活动温室气体排放之外

的其他化学反应过程或物理变化过程的温室气体排放。《省级温室气体清单编制指南（试行）》工业生产过程温室气体清单报告范围主要包含 12 个行业：水泥生产过程二氧化碳排放，石灰生产过程二氧化碳排放，钢铁生产过程二氧化碳排放，电石生产过程二氧化碳排放，己二酸生产过程氧化亚氮排放，硝酸生产过程氧化亚氮排放，一氯二氟甲烷（HCFC-22）生产过程三氟甲烷（HFC-23）排放，铝生产过程全氟化碳排放，镁生产过程六氟化硫排放，电力设备生产过程六氟化硫排放，半导体生产过程氢氟烃、全氟化碳和六氟化硫排放，以及氢氟烃生产过程的氢氟烃排放。而广东省主要涉及水泥、石灰、钢铁、镁、电力设备、半导体、氢氟烃 7 个工业生产过程温室气体排放。

第二，数据来源与确定方法

A. 活动水平数据

在广东省、市、县温室气体清单编制经验基础上，根据各市县的数据统计特点，总结广东省涉及的 7 个工业生产过程排放的具体活动水平数据收集建议如下。

a. 水泥生产过程

水泥生产过程排放是广东省工业生产过程温室气体的重要排放源，由于各市县统计年鉴的差异，水泥熟料产量不一定能够从统计年鉴中获得，同时水泥行业是纳入广东省碳交易试点的行业，碳交易主管部门能够掌握水泥熟料产量的数据。因此建议水泥熟料产量的数据获取方式的优先顺序为：各市（县）统计年鉴或统计部门数据；其他政府相关部门（例如碳交易主管部门）或水泥行业协会数据；企业调研数据。利用电石渣生产熟料的产量需要实地调查。

b. 石灰生产过程

石灰生产过程排放是广东省工业生产过程温室气体的重要排放源，考虑到我国以及省、市、县没有官方的石灰产量统计资料，也基本上没有针对石灰生产的行业协会，且石灰生产企业规模不一，比较分散，如何准确、完整地收集石灰产量是工业生产过程清单编制的一大挑战。在统计部门以及相关政府部门和行业协会无法掌握石灰产量数据的情况下，为了比较准确地获取市县的石灰产量，需要开展抽样调查，建议调查步骤如下：通过各市（县）相关政府部门（如统计部门、工商部门和环保部门），确定各市（县）辖区内石灰企业名单和数量；根据石灰企业名单，收集各石灰企业的石灰产量数据，并选择20%左右有代表性的石灰企业进行调研，进行交叉验证；对于未能建立联系的石灰企业或未提供数据的石灰企业，可将收集的石灰企业的石灰产量平均值作为每家企业的石灰产量，数据缺失的石灰企业数量乘石灰产量平均值得到数据缺失石灰企业的石灰产量；收集得到的石灰产量加上数据缺失石灰企业的石灰产量，得到各市（县）辖区内的石灰产量。

c.钢铁生产过程

钢铁生产过程排放也是广东省工业生产过程温室气体的重要排放源，在各市县的统计年鉴上可以获得生铁量、粗钢产量，无法获得石灰石、白云石消耗量。然而钢铁长流程企业主要消耗石灰石、白云石，会产生此部分排放，同时钢铁行业是纳入广东省碳交易试点的行业，碳交易主管部门能够掌握石灰石、白云石消耗量数据。因此建议：生铁量、粗钢产量的数据获取方式的优先顺序为：各市（县）统计年鉴或统计部门数据；其他相关政府部门（如碳交易主管部门）或钢铁行业协会数据；企业调研数据。一般统计部门或统计年鉴未能给出石灰石消耗量、白云石消耗量，其数据获取方式的优先顺序为：政府相关部门（如碳交易主管部门）或钢铁行业协会数据；企业调研数据。

d.镁生产过程

广东省不涉及原镁生产，所需的活动水平数据为各市县辖区内镁加工产量。镁加工产量的数据一般不能从市县统计年鉴中获得，建议其数据获取方式的优先顺序为：通过政府相关部门（如工信部门、统计部门）或行业协会获取镁加工企业名单和产量数据；获取企业名单后，通过抽样调查的方式获取镁加工产量数据。

e.电力设备生产过程

电力设备生产过程的六氟化硫使用量数据一般不能从市县统计部门和统计年鉴中获得，建议其数据获取方式的优先顺序为：通过政府相关部门（如工信部门、统计部门）或电气行业协会获取电力设备生产企业名单和六氟化硫使用量数据；获取企业名单后，通过抽样调查的方式获取六氟化硫使用量数据。

f.半导体生产过程

半导体生产过程含氟气体的使用量一般不能从市县统计部门和统计年鉴中获得，建议其数据获取方式的优先顺序为：通过政府相关部门（如工信部门、统计部门）或半导体行业协会获取半导体生产企业名单和含氟气体的使用量数据；获取企业名单后，通过抽样调查的方式获取含氟气体的使用量数据。

g.氢氟烃生产过程

氢氟烃生产过程氢氟烃产量一般不能从市县统计部门和统计年鉴中获得，建议其数据获取方式的优先顺序为：通过政府相关部门（如统计部门）或行业协会获取氢氟烃生产企业名单和产量数据；获取企业名单后，通过抽样调查的方式获取氢氟烃产量数据。

B.排放因子

市县级基本不具备自测排放因子数据的条件，在难以获得实测排放因子的情况下，建议参考《省级温室气体清单编制指南（试行）》中的推荐值。

（4）市县级工业生产过程温室气体清单编制的对策建议

由于省级层面与市县级层面数据来源和统计水平差异较大，例如水泥生产过程的水泥熟料产量数据，省级层面可以采用《中国水泥统计年鉴》的数据，但市县级层面没有水泥行业的统计年鉴，仅部分市县级统计年鉴中有统计水泥熟料产量的数据，省级温室气体清单编制指南的数据收集要求及经验不一定适用于市县级，因此在市县级温室气体清单编制经验基础上，总结形成适用于市县级温室气体清单编制的统一的、规范的方法学和计算工具，对指引市县级开展温室气体清单编制工作，掌握自身的温室气体排放情况是非常重要的。工业生产过程清单编制涉及12个行业，数据收集对接的部门和行业众多，情况复杂，工作量较大，如何提高数据收集效率和质量是一个重要的挑战。建议根据数据获取优先级原则：统计数据>其他政府职能部门和行业数据>调查数据>文献数据，结合市县级数据统计特点和可获得性，明确市县级各工业生产过程清单编制活动水平数据获得的优先顺序，以保证市县级清单编制结果的可比性和质量。例如纳入碳交易工作的水泥、钢铁行业的相关数据，如果从统计年鉴或者统计部门无法获得，可明确从碳交易主管部门获取。相对于省级层面温室气体清单编制而言，市县级的行政区域范围比较小，可能仅涉及少数几个工业生产过程的排放，对接的部门和企业也相对较少，可以针对该市县重要工业生产过程的数据收集工作进行细化，以保证该市县重要工业生产过程清单编制的质量。如石灰生产过程排放是清远市工业生产过程的主要排放源，可对清远市石灰相关的工商、统计、环保等部门进行重点走访调研，获取石灰企业生产情况、名单和数量，再进行全面的数据收集和交叉验证工作，以提高清远市工业生产过程清单编制的数据质量。

4.工业园区温室气体清单

工业园区层面温室气体核算已有一些研究，但尚未形成规范、统一的核算标准。此外，由于在国家统计体系中工业园区并非专门的统计单元，各园区数据的统计范围、口径及可得性存在差异。这些因素导致不同研究中采用的核算边界、范围与方法等存在较大差异，制约了核算结果的可比性，难以支撑面向大量园区制定定量化碳减排路线图的决策需要。为此，本研究结合工业园区特征，分析工业园区温室气体排放核算已有研究成果[16]，在此基础上提出工业园区温室气体排放核算清单建议，并辅以大样本案例进行研究，以期为推动工业园区做好温室气体排放核算、支撑碳达峰碳中和行动奠定基础。

（1）工业园区组成结构与发展特征

从边界范围来看，明确的边界是开展温室气体核算的重要前提。尽管国家发布的园区名录明确了工业园区的面积和四至范围，但此部分通常指实践中所称的核心区部分，而在实际发展过程中，常常会面临园区核心区土地无法满足继续发展要求的问题，因而出现了众多的扩展区域，"一园多区"现象普遍，园区实际管辖的范围名称多样且变化较快，有核心区、拓展区、委托代管区、"飞地"等多种提法，园区实际面积及边界界定往往语焉不详。厘清园区真实面积既是园区精细化管理中的一个难题，也是园区核算温室气体以及制定碳达峰碳中和路线图需首要解决的问题。此外，由于园区通常有一定的优惠政策，部分实际经营活动在园区外的企业也选择在园区内注册，企业注册地与实际经营地分离现象较多。这些都为园区碳排放核算与管理带来了巨大的挑战。

在园区内部，利益相关方（或称活动主体）主要包括政府部门、基础设施、制造业和服务业。其中，基础设施和制造业是多数园区的主体部分，也是目前园区碳排放关注的重点。随着产城融合发展的持续深化，许多园区的服务业迅速发展，特别是在一些东部地区或地处省会（自治区首府）城市的园区中，第三产业已占较大比重，相应的碳排放不容忽视。在园区企业间存在复杂的物质能量流动网络，根据其来源与去向是否在园区内，可将其划分为5种基本模式，其中也存在企业间的上下游供应链、工业行业细分门类相同企业组成的产业集群，以及为减少废弃物而在部分企业间形成的循环利用产业共生等，多种模式组合构成了园区的物质能量交换模型，进一步增加了园区碳排放核算的复杂性。结合上述园区组成结构分析发现，我国工业园区在发展过程中形成的典型特征及其对温室气体排放核算的影响主要表现在以下方面：

①工业园区数量多、种类广、差异大，既有工业增加值超过2 000亿元的特大型园区，也有产值不足百亿元的小微园区，各园区的产业结构与碳排放结构存在显著差异。

②较多园区由多个在地理上或相连或互不相连的区块组成，不同区块间的管理及责任归属较为复杂，园区实际边界范围缺乏统一界定，同时企业注册地与实际经营地分离现象普遍，生产经营活动统计口径复杂多样。

③园区兼具生产端与消费端的特点，企业购入原材料，输出产品和服务，园区内外基础设施共同为周边地区提供基础保障，导致园区边界物质能量巨大、组成复杂。

④园区企业间存在局部的上下游供应链关系，部分企业为降低成本也会形成产业集群、产业共生等关系，园区内物质能量流动网络复杂。

⑤园区企业随市场变化产品更新迭代较快，园区发展易出现跳跃性，一个大型

项目的建设或退出就可能会给园区的经济发展水平、资源环境影响、碳排放量等带来突跃变化。

⑥园区发展呈现明显的产城融合发展趋势，第三产业逐渐增加，特别是进行大型综合类园区碳排放核算需对第三产业予以关注。这些特征的存在使得工业园区温室气体排放具有自身的独特性，不能简单套用国家、城市、企业等层面的核算方法进行计算，需结合工业园区的组成结构与发展特征，面向园区实际需求，在已有研究成果的基础上探讨制定出能有效指导园区绘制减碳路线图的核算方法。

（2）工业园区温室气体排放来源

园区内各主体在创造经济产出的同时都会产生碳排放：热电厂的碳排放来自其燃烧的化石能源；制造业企业产生的碳排放来自其消费的能源及工业生产过程；服务业企业的碳排放来自其消费的能源；垃圾处理厂的碳排放主要来自固体废物处理过程，包括垃圾焚烧、填埋等；污水处理厂的排放则主要来自污水处理过程。同时，为园内提供服务的园区外单位也会产生碳排放，如园区外的热电厂、垃圾处理厂、污水处理厂以及原材料、产品、设备的生产运输等，这部分碳排放与园区内企业有关，但并非其直接产生，属于间接碳排放。结合联合国政府间气候变化专门委员会（IPCC）发布的国家温室气体清单指南，可将工业园区的主要碳排放源划分为能源消费、工业过程与产品使用（IPPU）和废弃物处理处置三个主要类别。

（3）工业园区温室气体核算研究进展

目前针对工业园区层面的温室气体核算研究仍处于探索阶段，国内外尚未形成专门的核算指南，现有研究大多借鉴已有的针对其他层面的核算方法，其中广泛参考使用的主要有两套体系。一是由IPCC发布的国家温室气体清单指南体系，其首发于1995年，是全球首个温室气体清单编制指南，工业园区碳排放核算中对排放源的划分及具体计算公式大多来源于此。二是由世界资源研究所（WRI）和世界可持续发展工商理事会（WBCSD）共同编制的温室气体核算体系，其中将企业/组织的温室气体排放划分为范围1～范围3，有效避免了同一碳排放在不同主体间的重复计算，因而在行业、园区、城市和国家等不同尺度得到广泛应用。在工业园区层面，范围 1 ~ 范围 3 被定义为：范围 1，指园区实际管辖边界内的所有直接碳排放；范围 2，指园区从外部购入的电力和热力等在上游生产过程中产生的间接碳排放；范围 3，指园区除范围 2 之外的其他所有间接排放。现有研究及实际应用的温室气体核算方法主要包括两类：排放清单法和投入产出法。排放清单法指首先构建包含各主要温室气体排放活动的清单，再依照清单进行温室气体排放的核算分析的方法，其基本计算原理为：碳排放＝活动水平×排放因子。排放清单法具有操作简单、易标准化、便于推广等优点，是目前应用最广、相关研究最多的方法，在国家和地区、行业、园区、企业等层面均有广泛应用。投入产出法指通过投入产出表刻画各部门间原料输入与产品输出关系，结合碳排放矩阵和生命周期评价方法对碳排放进行计算。投入产出法通常不存在数据的取舍，具备较好的完整性，但由于投入产出表的编制工作通常仅在较大范围开展，因此相关研究多集中于行业、区域、国家和全球等较大范围，在工业园区仅有少量应用。

（4）核算方法

①核算边界

核算边界包括园区的地理边界和数据统计边界。因工业园区大多具有明确的行政区划，现有研究较少讨论地理边界。然而，实践发现大量园区实际管辖面积已与公告目录存在较大差异，需对园区边界进行明确界定，以确保温室气体核算结果的准确性与完整性。对于数据统计边界，不同部门日常管理可能会采用不同的核算边界，具有不同的统计口径。例如园区经济数据统计通常涵盖园区内注册的所有"四上"企业，包含区内注册区外经营部分，而环保数据则通常为属地原则，仅统计园区内经营企业，两者存在显著差异。因此，在开展工业园区温室气体排放核算工作时，应对园区实际管辖范围、数据统计边界、温室气体核算边界等进行明确与统一，使核算结果对园区减碳工作更具现实指导意义。

②核算内容

在核算范围方面，范围 1 和 2 是多数工业园区碳排放的主要来源，且其计算相对清晰明确，核算时必须考虑。范围 3 在不同园区涵盖内容上存在显著差异，核算时宜根据园区情况"一园一策"处理，涉及大量园区时可选取具备代表性与共同性的部分进行计算，如固体废物委外处理、能源和大宗原料生产运输等。对于核算气体种类，《京都议定书》及《多哈修正案》规定了7种主要的温室气体，包括CO_2、CH_4、N_2O、HFCs、PFCs、SF_6和NF_3，我国生态环境部发布的《碳排放权交易管理办法（试行）》也明确将温室气体定义为这7种气体。在工业园区碳排放的三类主要来源中，能源部门是碳排放的最主要组成部分，涉及的温室气体主要是CO_2、CH_4和N_2O；IPPU部门涵盖园区企业各种生产过程，涉及的温室气体组成复杂且不同园区间差异显著，同时此部门也需充分考虑非CO_2温室气体；废弃物处理产生的碳排放主要为CO_2、CH_4和N_2O，其中垃圾填埋和废水处理产生的CO_2属生物成因，对大气的影响是中性的，因此不用核算。总体而言，各园区均普遍产生的温室气体主要是CO_2、CH_4和N_2O，这也是温室效应贡献最多的三种气体，当前阶段可以这三种气体为减碳的主要抓手。但考虑到核算结果的完整性及碳排放交易市场的发展需求，工业园区，特别是存在诸如硝酸生产、电解铝、半导体制造等大量产生非CO_2温室气体行业的园区，还应将IPPU过程产生的各种非CO_2温室气体均纳入园区碳排放核算体系进行计算分析。

③实证研究

自1984年设立以来，国家级经开区经过三十余年的发展，已成为中国工业化、城镇化、现代化的重要载体。截至2021年，我国共有217家国家级经开区，分布于全国31个省级行政区，2020年共实现地区生产总值11.6万亿元，占同期全国GDP的11.5%，其空间分布与经济发展具有典型性和代表性，其低碳工作对广大园区具备示范引领作用。此外，国家级经开区管理体制建设相对完善，数据可得性与准确性较好。因此，本书选择203家国家级经开区为对象展开案例研究，核算并分析其碳排放特征。为保证核算结果的一致性与可比性，同时考虑到数据的可得性与研究的可行性，核算内容为能源（包括生产运输、消费与加工转换）和废弃物处理处置（包括生活垃圾与工业固废焚烧）产生的CO_2、CH_4和N_2O，其中CH_4和N_2O按100年增温潜势转换为二氧化碳当量。活动水平数据通过园区实地调研、发放调查表以及从商务部获取数据支持等途径进行收集，涵盖 2015—2017 年各园区规模以上工业企业。排放因子来源于 WRI 发布的《GHG Protocol Tool for Energy Consumptionin China（V2.1）》中给出的参考值以及中国生命周期基础数据库，该数据库是面向中国实际生产过程的本土化数据，可准确反映我国园区的排放情况。

2015—2017 年，203 家国家级经开区温室气体排放总量分别为 11.95 亿、12.09 亿和 13.08 亿吨 CO_2，占同期全国总排放的 9.43%、9.57% 和 10.10%。CO_2 排放量最大，三年内贡献占比均在 90% 以上，其次是 CH_4，贡献占比约 7%，N_2O 的排放量最少。具体到园区个体，2017 年仅 3 家园区温室气体中 CO_2 占比不足 90%，但也分别达到了 73.28%、89.45%、89.72%。总体来看，CO_2 是工业园区碳排放的最主要组成部分，但针对具体园区时，应结合其实际产业结构"一园一策"选取核算气体种类。将园区的温室气体排放按排放来源与核算范围进行划分。从排放来源看，煤、石油和天然气是园区碳排放的三个重要来源，其中煤及煤制品、原油及油制品导致的碳排放在三年内明显增加；电力导致的碳排放在三年间迅速减少，主要原因是园区外购电力的减少，2015—2017 年，203 家园区总用电量下降 0.58%，与此同时发电量增加了 11.70%；煤矸石、生活垃圾、工业废料及生物燃料等有应用但占比很低，尚有一定发展空间。从排放范围看，范围 1 是园区碳排放的最主要组成部分，在总排放中的占比从 2015 年的 85.00% 稳步上升至 2017 年的 91.34%，具有巨大的减排潜力，是工业园区减碳控碳需关注的重点；范围 2 在三年内随外购电力排放的减少而迅速下降；范围 3 在三年内小幅上涨，其最主要来源是煤和煤制品。尽管范围 2 和范围 3 对应的间接排放在 203 家园区的总排放中占比很小，但具体到园区个体，间接排放占比可能很大，2015—2017 年分别有 100、98、92 家园区间接排放占自身碳排放总量的比例超过 50%，部分地区此类园区比重可达 60% 以上，间接排放是工业园区温室气体核算中不可忽视的重要部分。进一步以 2017 年的 92 家园区为例，分析碳排放来源。从地区分布来看，华东地区碳排放总量最大，这主要是因为其园区数量最多，值得注意的是，西北地区间接排放占比超过 50% 的园区仅有 4 家，但其排放总量却仅次于华东地区，在碳排放总量控制中需重点关注。在碳排放来源方面，与203家园区整体以煤和煤制品为最主要来源的排放结构不同，这92家园区最主要的排放源为电力，占总排放的59.52%，此类园区的减碳控碳大量依赖于外购电力的碳排放水平，与园区自身关联度较小，评价此类园区的减碳效果宜结合园区能耗水平、供电园区低碳水平等进行综合评判。园区自身也可以通过建设太阳能发电、风力发电等清洁发电设施的方式降低对外购电力的依赖性，以实现园区温室气体总排放的减少。为完整评价园区低碳发展状况，还需计算其碳排放强度，这也是现阶段我国碳排放控制的主要抓手。为保证结果的准确性，碳排放总量与经济数据的核算边界统一为各园区内的规模以上工业企业，即经济数据为规模以上工业增加值。2015—2017年，203家园区的规模以上工业增加值与温室气体排放均出现较大增长，碳排放强度起伏不定，在2016年有所下降，但在2017年又回升至2015年的水平，国家级经开区的低碳工作仍有较大进步空间。

分地区来看，西北地区的园区碳排放强度显著高于其他各地区水平，这可能与其以煤炭为主的能源结构及低附加值产业较多的产业组成有关，可在西北地区着重开展诸如燃煤替代、清洁燃煤改造、产业结构调整等工作以减少碳排放；华南地区的碳排放强度三年间始终高于全国平均水平且在2017年出现了大幅上涨，主要是因为某园区在2017年原油消费量基本保持平稳的同时，汽油、柴油、煤油等原油制品产量的极大幅度下降，这充分体现了工业园区碳排放结构变化的快速性与突跃性，后续该园区应及时调整产业结构布局；华中地区的园区碳排放强度在三年内稳步上升，尽管仍低于其他地区，但在后续发展建设中也应提高警惕，避免碳排放强度过分走高；对于碳排放总量最大的华东地区，其碳排放强度反而较低，且实现了三年内碳排放强度的持续下降，表明其减碳控碳工作已初见成效，后续应在继续努力降低碳排放的同时归纳减碳经验供各园区学习借鉴。具体到各园区，2015—2017年203家园区中碳排放强度上升的有75家，下降的共128家，三年间碳排放强度持续上升35家、持续下降68家、先升后降50家、先降后升50家，三年内碳排放强度持续下降的园区在各地区均有分布。进一步来看，2021年发布的《国家高新区绿色发展专项行动实施方案》中要求国家级高新区的碳排放强度年平均削减率达到

4%以上，在203家园区中仅有51家满足要求，约占总数的1/4，园区离实现碳达峰碳中和还有很长一段路要走，仍需付出艰苦努力、全力以赴。

（二）行业温室气体核算标准体系

企业是温室气体核算标准化工作最先涉及的领域。世界资源研究所（WRI）与世界可持续发展工商理事会（WBCSD）于2001年率先发布《企业核算与报告准则》；ISO于2006年发布ISO 14064《组织层次上对温室气体排放和清除的量化和报告的规范及指南》。此外，一些行业性组织也发布了若干针对行业的核算标准、方法与工具，如：WRI针对信息和通信、己二酸、铝、氨、水泥等行业、国际钢铁协会（IISI／WSA）针对钢铁企业的气候变化排放工具及 CO_2 排放数据收集用户指南等。中国在企业温室气体核算标准方面的研究工作起步较晚，最早开展的是对ISO相关标准的跟踪与转化工作，钢铁、水泥等部分行业也开展了部分核算方法标准化的研究工作。2015年11月，中国正式发布了第一批企业温室气体核算国家标准，包括GB／T 32150《工业企业温室气体排放核算和报告通则》与GB／T 32151.1-10发电、电网、镁冶炼、铝冶炼、钢铁、民用航空、平板玻璃、水泥、陶瓷、化工等10个行业的温室气体排放核算与报告要求。

近两年，国内外关于企业温室气体核算标准的发展大大加快，并且在发展过程中呈现出一些新的变化；同时，国内关于应对气候变化及温室气体管理的政策措施陆续出台，各利益相关方对企业温室气体核算标准的关注度也日益提高。基于这样的背景，有必要对国内外企业温室气体核算标准的最新发展状况进行梳理，并与国内的相关标准进行比较分析，有利于各相关方了解这一领域标准工作的发展方向，更好地支撑国家应对气候变化的工作。

1.国际温室气体排放核算标准的比较

14064-1修订的变化。ISO 14064.1《组织层次上对温室气体排放和清除的量化和报告的规范及指南》是国际标准化组织发布的第一项企业温室气体核算标准，于2006年发布，并于2014年开始修订，2016年完成修订工作。修订工作的目标是适应市场需求的新变化，以更好地支撑世界各国对组织的温室气体核算与报告工作。从比较可知，ISO 14064.1的修订并没有改变核心方法，但强化了对企业供应链温室气体排放核算与报告的要求。主要变化的原因与目的说明如下[10][15]。

（1）方案无倾向性是该系列国际标准的最大特征，表明了ISO对各国应对气候变化行动中存在的政治因素的中立立场；而对这一部分内容的修改争议较大，但总体目标是为了适应当前应对气候变化工作的巨大变化，更加积极地推行温室气体排放管理措施。

（2）修改运营边界，为了把供应链温室气体排放的内容更好地引入组织层面温室气体核算的范畴，以适应多种类型组织在核算与报告时的需求。如很多服务型行业的企业本身的生产活动较少，因此直接排放与能源间接排放较小，但由于其业务涉及面较广，导致的其他间接排放较大，而这些排放也能反映其业务活动的特点，蕴含着改进业务活动进而降低排放的潜在机会。

（3）采用报告边界代替运营边界的称呼，是为了更好地与组织边界的概念进行区分，体现温室气体核算工作的实际特点，同时，让非英语母语国家的使用者更好地理解此概念。

（4）设立生物质、发电等排放源核算要求的独立章节，是为了更全面地给出对相对复杂的排放源的核算要求。

2.国内企业温室气体排放核算标准的比较

目前，中国已经发布了11项企业温室气体排放核算与报告要求国家标准，其中包括1项通则标准（GB／T 32150）与10项针对具体行业的标准（GB／T 32151.1～10，分别为：发电、电网、镁冶炼、铝冶炼、钢铁、民用航空、平板玻璃、水泥、陶瓷、化工）。这些标准基于国家发展改革委发布的"企业温室气体核算方法与报告指南"编制，考虑了中国相关行业的实际情况与国家实施重点企业直报、碳排放权交易等任务的需要。GB／T 32150系列标准与ISO 14064—1（2006版）标准采用了基本一致的核算方法，具体体现在以下几个方面[10][15]。

（1）核算的基本原则相同；

（2）均采用以监测和计算为基础的排放因子法、物料平衡法；

（3）均对燃料燃烧等直接排放源与电力、热力消耗等间接排放源提出核算与报告的要求。同时，GB／T 32150系列标准也针对国内现有标准体系、企业计量基础等实际条件，提出了更具可操作性的要求。在确定核算边界时，采用国内更加熟悉的报告主体概念，包括主要生产系统、辅助生产系统及直接为生产服务的附属生产系统，与现行的相关能耗标准保持一致，企业更加熟悉，易于理解；采用燃料燃烧排放、过程排放、购入的电力热力产生的排放、输出的电力热力产生的排放源划分方法，便于企业现有计量监测统计数据的采用；鼓励企业采用实测数据，并采用行业常用的相关测量方法标准，提高数据对中国企业实际情况客观反映的程度；整合、简化报告要求，更好地体现此系列标准支撑重点企业直报、碳排放权交易等政策的用途，减轻企业负担。

（三）企业温室气体核算标准体系

温室气体排放核算是掌握排放特征、制定减排政策、评价降碳效果的重要基础，目前在组织、企业等层面已有大量研究，并形成了一些核算标准或指南。

1.企业碳足迹核算

在国际贸易对碳排放的影响方面，由于国际贸易使得生产和消费在地理位置上分离，一国可以通过从其他国家进口商品而减少本国领域内的碳排放，从而产生碳泄漏，所以涌现了众多测度贸易隐含碳的文章，并引发了生产碳排放和消费碳排放责任界定的争论。这些研究发现国际贸易隐含碳占全球碳排放的20%多，明确消费碳排放责任有助于减少全球碳泄漏，生产者和消费者分担碳排放责任有助于达成全球气候协定。就中国而言，出口隐含碳占到其生产碳排放的20%以上，这对中国人的健康产生很大的负面影响。发达国家通过国际贸易将碳排放转移到发展中国家，阻碍了全球减排的努力。国家间的生产转移和贸易抵消了减排政策的部分效果，并可能否定经济增长的表面成就，将碳足迹指标纳入国家可持续发展力评价有助于实现联合国制定的可持续发展目标。

2.碳足迹核算标准对比分析

在ISO 14067正式出台前，PAS 2050《商品和服务在生命周期内的温室气体排放评价规范》是产品碳足迹的评价规范。PAS作为一种具有协商性质的标准规范，在英国现行的标准体系中，其权威程度和法律效力低于国际标准（ISO系列标准）、欧盟标准（EN系列标准）和英国标准（BS）。目前国际标准化组织的若干ISO标准的原型就是英国国家标准BS，而BS标准一般是由PAS标准发展而来，ISO 14067与PAS 2050也是一脉相承的。目前主要的产品碳排放核算标准除ISO 14067、PAS 2050外，还有世界资源研究所制定的《产品寿命周期核算与报告标准》（GHG Protocol）和中国汽车技术研究中心有限公司制定的《中国乘用车生命周期碳排放核算技术规范（草稿）》（以下简称《规范》），而ISO 14067是目前使用最广泛的产品碳足迹核算标准[11][14]。

PAS 2050和《规范》规定得比较具体，易于操作，数据收集难度相对较小，但是排除的间接排放源比较多，而根据经验，间接排放往往占比较大，占总排放的90%以上，从供应链的角度看，不利于识别减碳机会、建立绿色低碳供应链。相比PAS 2050和《规范》，GHG Protocol和ISO 14067在很多方面没有明确规定是否核算，但是企业具有很大的选择空间，可以根据产品碳排放核算目的或者核算结果的用途来确定核算范围。在产品碳排放核算方面，目前欧盟更倾向于选择ISO 14067标准。

3.碳足迹核算流程–以汽车零部件碳足迹核算为例

（1）碳足迹核算范围

对于零部件来说，核算范围是从"摇篮到大门"，即从原材料获取到产品到达下游客户的大门为止，主要包括原材料的获取、预处理及运输、零部件的生产及其过程中的废弃物处理及运输、零部件到下游客户的运输，而零部件使用及报废阶段不在核算范围内[12]。

（2）碳足迹核算流程

①核算标准及核算方法的选择。以 ISO 14067：2018 为核算标准，采用排放因子法对零件生命周期各阶段碳足迹进行核算分析。

②系统边界。本研究选定的系统边界是从摇篮到大门。主要分为三个阶段：原辅材料的获取及生产阶段、零件生产阶段、运输阶段。

③数据收集及分析。碳足迹核算时，主要涉及两类数据收集，活动数据及其对应的排放因子。对于包括在系统边界之内的所有过程的这两类数据，首先收集具体场地数据；当收集具体场地数据不可行时，可使用次级数据。

活动数据可以依据生产过程中的各种物料报表、使用记录、仪器仪表显示、购买发票、财务系统等途径获取，这些都是企业内部数据，相对易于获取。排放因子主要是通过外部途径获取，如原材料供应商、设备厂商、各种数据库等等。核算产品碳足迹时常用到以下几种排放因子：测量/物料平衡法获得的排放因子、相同工艺/设备的经验获取的排放因子、设备制造商提供的排放因子等等，排放因子的质量依次递减，应结合数据的可获取性及优先次序进行选择。

（3）碳足迹具体核算

①原辅材料获取及生产阶段

本阶段主要包括原辅材料资源开采、生产加工、运输等过程。铝锭的碳排放因子由原材料厂家根据 GB/T 32151.4—2015《温室气体排放核算与报告要求第 4 部分：铝冶炼部分》核算得出，核算边界包括铝土矿的开采、氧化铝生产、电解、净化、浇铸直到铝锭生成等全过程；自来水的排放因子来源于中国全生命周期温室气体排放系数库。辅料排放因子多为缺省值或者同类材料的缺省值，个别因子由生产厂家根据场地数据核算。

②零件生产阶段

铸铝零件的生产过程包括铝锭熔炼、铸造、精加工及辅助工序、废弃物处理、逸散等，这个过程的资源投入主要是能源、原辅材料等，产出主要是成品及废弃物。原辅材料的排放在上述原辅材料阶段已核算，本阶段不再重复核算。本阶段的废弃物主要是铝屑、废弃辅助材料等，铝屑、废弃辅助材料由第三方处理厂家进行处理，经评估，这部分暂不核算。生产场所使用的二氧化碳灭火器产生的二氧化碳逸散需要核算，另外，将化粪池甲烷逸散产生的排放也算在本阶段。综合以上分析，本阶段主要包括能源排放、二氧化碳灭火剂及化粪池逸散排放三部分。

③运输阶段

零件涉及的运输核算范围包括上下游运输、企业内部运输、废弃物处理运输、员工差旅通勤。上下游运输主要包括上游购买原材料及其他产品的运输，下游主要是销售产品涉及的运输。员工通勤方式主要有通勤班车、自驾、公共交通，员工自驾对通勤产生的排放贡献最大，占58%左右。企业可以通过优化员工通勤方式降低碳排放。

二、能源统计体系

（一）我国当前能源统计现状

1.能源统计的概况

能源统计是运用综合能源系统经济指标体系和特有的计量形式，采用科学统计方法，研究能源的勘探、开发、生产、加工、转换、输送、储存、流转、使用等各个环节运动过程、内部规律性和能源系统流程的平衡状况等数量关系的一门专门统计。它是国民经济核算的重要组成部分，它既反映能源的总量平衡，又反映能源的生产结构、消费结构和消费方向。我国现在能源统计指标体系是计划经济形成的，原隶属于物资统计，后来归属于工业统计。目前，国家统计制度中的能源统计，主要包括：工业企业能源购进、消费与库存量统计，主要工业产品单位产量能耗统计，能源平衡统计等。能源消费信息中，工业部门消费主要依据规模以上工业企业能源购进、消费与库存的统计报表数据直接测算出全部工业消费。工业部门之外的农业消费、建筑业消费、交通运输仓储邮政业消费、批发零售贸易餐饮业消费及生活消费除电力品种有直接的消费统计资料外，其余能源品种均参考各部门、各行业有关信息和城调、农调两队的抽样调查资料并采用不同方法测算取得。

2.我国当前能源统计的现状

（1）能源统计逐步受到重视

随着能源问题被社会各界关注程度的提高，能源消耗统计也正逐步受到各级政府的高度重视，国家提出建立"单位 GDP 综合能耗公告制度"、国务院下发《关于加强节能工作的决定》、国家发改委制定《节能中长期专项规划》、原国家经贸委出台《重点用能单位节能管理办法》；各省、市、地区也试图在节能降耗上作出大文章，各种"节约能源办法""节能降耗目标""加强能耗监测"等文件规定层出不穷。就专业层面讲，能源统计已经不再是一个附属于大工业统计下的"小专业"了，而是被高度重视的"大专业"，各地也相继成立"能源办"专门从事能源宏观监测管理工作。

（2）能源统计制度及网络已基本建立

企业是能源消耗的最基层单位，工业企业又是能源消耗的重要产业，能源消费占全国能源消费总量的70%以上，做好能源消耗统计是工业企业了解生产状况、进行技术改造、提高经济效益的重要手段，对全社会的经济发展产生了积极的作用，因此能源消耗统计要从企业基础工作抓起。现有的能源消耗统计已对能耗主体——规模以上工业企业建立了基层报表制度，统计网络基本建立，为及时、准确地采集能源消耗数据提供了有效的保障。

（3）重点能源消耗单位已被纳入重点监测范围

在能源消耗主体行业中，钢铁、有色金属、化工、建材等高耗能行业的能源消费占整个工业终端消费的70%以上，因此，中国高耗能行业消耗了全国能源消费总量的50%。科学地反映高耗能行业的综合能耗、促进节能降耗，对提高全社会能源利用效率、降低单位 GDP 能耗具有重要意义。现有的能源消耗统计制度除了把规模以上工业企业全部纳入到统计范围，还对高能耗行业单位（年能耗在 5 000 吨标准煤以上的单位）又进行了重点跟踪监测，用统计数据有力地反映出重点耗能单位的能耗水平、结构及趋势，为科学制定节能降耗政策提供了科学的依据。

(二) 能源统计存在的问题

现行能源统计体系，与过去的能源管理要求基本上是相适应的，发挥了它应有的作用。但从目前来看，与中央现在提出的建立资源节约型社会，加强能源等资源管理的要求不相适应，不能满足万元 GDP 能耗下降指标考核等方面的需要。

1.能源统计调查面不全

现行的能源统计制度仅统计工业能耗，农业、建筑业、交通运输业、商业等非工业能耗无法反映，就工业行业而言，仅统计规模以上工业企业能耗，规模以下能耗无法直接反映。工业部门之外的农业消费、建筑业消费、交通运输仓储邮政业消费、批发零售贸易餐饮业消费及生活消费除电力品种有直接的消费统计资料外，其余能源品种均参考各部门、各行业有关信息和城调、农调两队的抽样调查资料并采用不同方法测算取得。

2.能源统计指标体系不健全

现行的能源统计只涉及规模以上工业企业的能源生产和消费领域，没有反映全社会能源的生产、消费、调入、调出、加工、转换以及市场销售和市场供求的指标体系，不能有效地提供能源供给与需求、能源管理与效率、能源资源与生产、能源开发与节能等决策信息，不能全面掌握能源生产、购进、消费、库存情况及发展趋势，对能源节约、能源经济效益、能源生产与需求缺乏预测，使各级能源的社会管理部门在制定能源发展规划和考核能源消耗控制目标时欠缺依据。

3.能源统计力量不足

目前，统计部门内专职从事能源统计工作的人员十分欠缺，省以下统计部门建立专业统计机构的极少，从事能源统计人员多为兼职，更没有专项经费预算，满足常规能源统计工作已十分困难。力量配备与工作任务明显不协调，使能源统计工作的开展无力深入，更无法开展能源消耗和利用情况的分析研究工作，难以适应新形势下宏观管理和经济社会对能源信息不断增长的需要。

4.政府重视程度不一，上紧下松

节约能源，提高能源利用效率是一项庞大的系统工程，需要全社会的共同参与。同样，能源消耗统计也不是哪一个部门可以独立完成的，需要全社会的通力配合。然而现在的状况基本是国家提口号，经济学家指不足，但到了下级则变为任务的分解，没能从思想根源上重视起来，没有形成全社会同心协力、力促节能降耗的氛围。因此，就形成了各级政府重视程度不一，上紧下松的状况，"节能降耗"的重大责任，最后简单地落到了专业工作人员身上，能耗统计渠道不顺畅，统计工作面临着严峻的挑战。

5.能源统计的"双基"工作不够牢固

基础和基层是能源统计数据的源头，当前基础和基层特别是企业的能源统计工作还比较薄弱。在一些能源消费相对较少的企业，能源管理不严，管理渠道多头，如电力消费由财务部门管理，油料消耗由运输部门管理，其他能源品种具体由相关的使用部门管理，整个企业没有完整的能源消耗数据。统计人员只在填报能源年报或能源季报时搜集指标数据，不能为企业的生产经营提供单位产值能耗和单位产品产量能耗等参考资料。而且基层企业基本上无专职的统计人员，一般由会计或仓库保管员代为统计，能源专业统计知识还比较缺乏，人员不固定，变动比较频繁。

6.能源统计人员业务水平亟待提高

目前，县、区统计部门及基层企业大多没有专职能源机构和统计人员，且企业统计人员流动性大，专业人才更是少之又少；同时，在现有能源消耗统计人员中，大多为"半路出家"，专业素质参差不齐，业务水平亟须提高。加之能源统计业务培训较少，兼职的统计人员平时工作又较为繁忙，以致对能源统计知识不熟悉、不全面，严重影响了能源统计工作的开展和能源统计数据质量。

三、碳达峰碳中和监测体系

能耗数据在线监测是实现碳达峰碳中和目标的基础环节之一。我国推行建设的重点用能单位能耗在线监测系统，是响应碳达峰碳中和目标的第一步。辽宁省大数据管理中心专注于工业建筑、交通领域的能耗在线监测系统的建设，助力重点用能单位减少能耗浪费的管理，提供可靠的、准确的数据。根据加快推进重点用能单位能耗在线监测系统建设的通知等相关文件的统计资料，辽宁省已有近万家重点用能单位能耗数据上传至国家平台，但能耗在线监测系统仍需进一步强化数据质量保障体系、业务功能体系、数据处理技术体系。因此，有必要系统性地梳理问题，总体构思设计，提出解决方案，以助推我国碳达峰碳中和目标的实现。

（一）能耗在线监测系统总体构成

能耗在线监测系统以准确、有效的计量器具为基础，结合计算机和网络通信技术，实时监测用能单位的能源运行数据，形成各个行业的能源运行图，把握重点行业、重点企业及关键工序的能耗，完成"物联网"技术在能源计量工作中的实际应用任务。重点用能单位监测系统主要由重点用能单位接入端系统、省级平台系统和国家系统等3部分组成。重点用能单位监测系统的基础数据主要来自企业采集的能耗数据，上传至省级平台，通过省级平台上传至国家平台。

（二）能耗在线监测系统需要强化的关键点

1.数据质量保障体系

能耗在线监测系统功能依托企业精准、可靠的能耗数据，对系统的推广应用起着至关重要的作用。

（1）能耗在线监测。我国要求的计量器具年检标准合格率为97%。目前，重点用能单位的部分计量器具的年检合格率低于97%，致使能耗情况监测与实际数据存在偏差。另外，重点用能单位原有的计量仪表普遍没有预留给接入端系统的通信接口，但能够提供模拟量信号，接入端系统建设过程中需要加装接收原计量仪表模拟信号的二次仪表，得到的数据与原始数据存在偏差。

（2）计量器具。重点用能单位普遍为用能大户，生产中需要能源不断地输送与运转，强行改造计量器具，需要断能停产，因而改造器具受到限制；部分企业原有计量仪表产权单位对仪表的更换没有自主权；部分企业因更换费用问题，缺乏计量器具改造的积极性。因此，重点用能单位主动与接入端系统链接的积极性受到限制。

（3）行业采集技术规范。随着能耗在线监测系统建设的推进，部分行业、部分环节的数据采集情况等问题逐步凸显，如信息资源、数据交换、数据采集指南、应用支撑系统、应用系统、信息安全和工程管理等标准尚未发布。尤其冶金、水泥等行业，采集边界不一致，采集品种不统一，致使同行业采集的数据与精准度存在偏差，影响数据的有效价值。

（4）手工填报数据。多数重点用能单位的基础能耗数据存在沉睡现象：每月需要在不同账套、不同系统和模块、各级主管部门下发的表格中对数据进行清洗。人工处理这些数据容易出现纰漏，且数据更新速度较慢。人工填报数据，数据上传的准确性受到影响。

2.业务功能需求体系

部分能耗在线监测系统省级平台主要业务功能概况如表4-1所示。

表4-1　　　　　　部分能耗在线监测系统省级平台主要业务功能概况

省市名称	省级平台主要业务功能	建设时间
湖北省	节能双控、节能监察、节能形势分析、能源结构调整、能源计量审查等	2020年
天津市	能源消费总量、电力、煤炭、石油、天然气、热力等能源数据在全市地图上的分布情况，支持能耗总量、（碳排放）区域排名切换显示，能耗在线监测功能、"双控管理"、碳排放分析、数据分析等功能	2017年
北京市	能耗数据分析、能效对标、能耗预测预警、节能目标管理、节能潜力分析、能耗在线填报、GIS展示和系统运维等功能	2015年
湖南省	能耗在线监测、能耗画像、节能规划管理、统计分析、节能监察、能源利用情况报表、综合服务、节能审查管理、重点设备信息管理、计量器具管理、能源管理等功能	2020年
安徽省	能源全景、用能监测、能效对标分析、行业管理、碳排放管理、企业档案、计量管理、节能管理等功能	2020年
四川省	能源概况、用能监测、节能管理、计量管理、能效分析、电力需求侧管理等功能模块	2019年

由表4-1可知，省级平台主要业务功能包括能耗在线监测功能、"双控管理"、能耗数据分析、能效对标、能耗预测预警、节能目标管理、节能潜力分析、能耗在线填报、GIS展示和系统运维等功能模块，能够满足节能主管单位的业务需求。但目前省级平台暂未设置"两高"项目综合管理、碳达峰碳中和管理、用能权交易管理、能源消费预算管理等功能模块，而这些功能将是落实国家关于碳达峰碳中和目标，进一步做好双控指标分解、"两高"项目监管，深入挖掘能源消费存量和碳减排潜力的具体举措，因此，应加强完善这些功能模块。

（三）系统建设的对策与建议

1.数据质量保障体系

（1）加强能源计量器具管理。重点用能单位应配备和使用符合要求的能源计量器具，加强能源计量数据的管理和使用。构建闭环管理制度，实施动态管理，确保测量数据准确可靠，定期检定、校准计量器具。对计量器具更换迟疑的企业，建议相关单位适当给予政策倾斜、资金扶持，鼓励计量器具第三方供应商能够与企业建立长久合作机制，推进计量器具的更新换代。

（2）完善能耗在线监测系统技术规范。制定指导性的技术标准，统筹推进全国能耗在线监测系统建设。尤其需要尽快建立统一的、覆盖多个行业的、重点工序的技术规范体系，确保同一行业、同一重点工序的数据采集标准一致，这是实现系统建设质量管理的前提，是保障监测结果准确、可靠、权威的重要手段。

（3）构建数据质量管理评价指标。接入端系统建成后，应建立在线监测数据的自动评审机制，构建以完整、准确、有效、规范等多个指标为一体的数据联网质量评审体系，结合各地区实际妥善设置各项比例权重，准确评价上传数据质量，追溯数据质量偏差原因。采用基于案例推理（CBR）技术，对数据异常点进行自动检测和识别，提高数据质量管控的效率与有效性。

（4）落实监测数据质量主体责任。关于人工填报方式，构建重点用能单位将能源报送责任到人、审核措施到位的上报管理体系。建立责任追溯制度，确保重点用能单位及其负责人对人工填报数据的真实性和准确性负责。尝试推进能源管理人员的月度审核，优化市县（区）节能主管部门数据审核管理机制，加大数据上报审核节点，进一步夯实数据基础。

2.业务功能需求体系

结合我国相关文件，在充分吸纳先进省份建设经验基础上，辽宁省应进一步将节能降碳业务工作与能耗在线监测系统深度融合，新增"两高"项目综合管理、碳达峰碳中和管理、用能权交易管理、能源消费预算管理等功能模块。

（1）"两高"项目综合管理

该功能模块指对未开工拟建、在建、已建项目的相关信息进行综合比对、分析，实现"两高"项目统一管理，包括"两高"项目节能监察管理、"两高"项目能耗在线监管管理、"两高"企业"双控"管理、"两高"重点企业用能情况管理、"两高"项目大数据分析、"两高"项目预警预测等功能。

（2）碳达峰碳中和管理

该功能模块指碳达峰碳中和统计，支持按月度、年度录入和修改各地区下发的区域/企业的碳排放指标/配额数据（排放总量、减排指标等），支持根据区域/企业能耗数据匡算区域/企业碳排放量，并按不同周期展示碳排放量趋势，展示同比、环比信息。

（3）用能权交易管理

该功能模块指对企业的用能权进行确权审核管理、日常监测、查询统计分析等。辅助节能主管部门，完成能耗增量配额分配和划拨，实现节能收储指标（记账）管理。根据省能源消费总量和强度双控目标要求，节能主管部门推动各地区企业采取措施形成能源消费削减量，对能源替代项目实行记账管理，构建省、市项目储备库。

（4）能源消费预算管理

该功能模块指基于历史基期数据，对辖区内市县及重点用能单位等进行GDP不同增长情景下的"能源消费总量测算""能源消费强度测算"和"基于能源消费的碳达峰分析"的能源消费"五年计划"总体预算，实现指标测算、指标分配、预算平衡分析、预算跟踪预警等功能。

3.数据处理技术体系

对重点用能单位在线监测数据集中上传引起的数据洪峰问题，可从资源、策略、技术方面解决此问题。

（1）资源方面。在合理预算的前提下，尽可能增加系统的硬件性能和网络资源，如网络带宽、CPU性能、内存容量、读写速度、硬盘空间等，通过提升性能提高应对数据洪峰的能力。

（2）策略方面。采用分时上传，削减数据洪峰，约定不同地市企业不同时间段上传数据，区域内企业尽量避开同一时间段上传，利用哈希算法错峰传输。

（3）技术层面。通过实时数据库软件、负载均衡框架、数据库集群等技术，实现变化的数据及具有时间限制的事务处理，并平衡负载（工作任务）、分摊到多个操作单元，协同完成工作任务。

第五章 碳达峰碳中和研究方法学

一、区域双碳研究方法学

（一）省（市、区）级碳达峰行动方案编制指南

1.总体思路

（1）主要目的

在全面摸清本地区二氧化碳排放历史、认清排放现状、分析排放趋势、研判峰值目标的基础上，分解落实主要目标和任务，强化重大政策和行动，创新体制机制，为确保本地区按要求实现达峰目标指明方向并提供保障。各省（区、市）要切实提高政治站位和对二氧化碳排放达峰行动的认识，通过编制《省级二氧化碳排放达峰行动方案》（以下简称《省级达峰方案》），进一步明确二氧化碳排放达峰目标、路线图、实施路径，统筹考虑国家2060年前实现碳中和愿景，对达峰后情景进行必要论证，为推动本省（区、市）低碳发展提供综合方案、行动指导。

（2）基本原则

科学性。坚持以绿色低碳发展为导向，科学分析碳排放历史变化及发展趋势，结合战略定位，综合考虑经济社会发展态势，科学确定二氧化碳排放达峰行动的目标、时间表、路线图。

规范性。坚持以峰值目标为导向，做到指导思想明确、目标积极清晰、重点任务突出、保障措施有力，确保二氧化碳排放分析边界一致、数据透明、分析方法规范、峰值目标可比。

可行性。充分反映二氧化碳排放达峰基本特征，确定的达峰目标既满足国家要

求又通过努力可达，选择的达峰路径及重点任务清晰精准，提出的政策行动和保障措施切实可行。

战略性。将省级二氧化碳排放达峰工作与力争在2060年前实现碳中和愿景相衔接，制定符合经济高质量发展和生态环境高水平保护要求的达峰目标。

（3）总体要求

加强组织领导：提高政治站位，强化责任担当，加强统筹协调，落实职责分工，将达峰目标及具体行动融入国民经济和社会发展规划。

强化目标考核：分解落实目标，建立年度报告、中期评估、目标考核制度，并将落实达峰目标及重点任务纳入生态环境保护督察。

完善支撑体系：加快低碳技术创新，加大资金投入力度，加强地方能力建设，发挥研究机构支撑作用，开展国际合作。

推进全民参与：加强宣传教育，开展培训活动，提升全民意识，鼓励公众参与，形成全社会合力。

（4）主要步骤

①分析排放变化与特征

识别重点排放源：基于历史年份的能源活动产生的二氧化碳直接排放以及电力调入蕴含的间接排放数据，梳理碳排放总量及排放源构成，分析碳排放总量历史变化趋势，识别重点排放领域及排放源。

②研判确定达峰目标

研判排放趋势：基于本地区经济社会发展态势、重点领域排放特征等驱动因素及减排潜力，科学研判未来碳排放总量发展变化新常态。

确定达峰目标：基于对排放趋势的科学研判，结合煤炭、石油、天然气等化石能源消费现状以及未来战略定位，综合考虑国家关于开展二氧化碳排放达峰行动的有关要求，科学、合理地确定二氧化碳排放达峰的总体目标及阶段性目标，并对二氧化碳排放达峰后的碳排放下降趋势和力争2060年前实现碳中和愿景进行分析和说明。

③实施路径

明确达峰路径：识别二氧化碳排放达峰的重点领域及行业，研究提出本地区达峰路径，并将峰值目标分解落实到重点领域及行业，有条件的省（区、市）可分解落实到重点区域。将开展二氧化碳排放达峰行动与促进经济高质量发展、加快生态文明建设、深化供给侧结构性改革等工作相衔接。

强化政策行动：深入分析本地区实现二氧化碳排放达峰的基础和条件，研究提出实现达峰目标的政策与行动路线图，主要包括加快经济结构、产业结构和能源结构的低碳转型，推动建筑、交通运输、农业等领域低碳发展，推动绿色低碳发展与转型等方面。

创新体制机制：围绕峰值目标，统筹协调碳排放控制与大气污染物减排，探索实施碳排放总量控制、行业碳排放标准、项目碳排放评价等相关制度。在国家统筹部署下，积极利用全国碳排放权交易市场等政策工具开展控制温室气体排放行动。

2.达峰目标分析及目标确定

（1）二氧化碳排放分析方法学

①核算边界

本指南所指二氧化碳排放，包含本省（区、市）行政区域内化石能源消费产生的二氧化碳直接排放（即能源活动的二氧化碳排放），以及电力调入蕴含的间接排放。

为推动各省（区、市）实现达峰目标的同时做好率先实现碳中和的基础工作，鼓励按照省级温室气体清单编制指南，单独报告非能源活动产生的二氧化碳排放与吸收的现状及未来趋势。

化石能源消费活动按领域可分为：能源生产与加工转换、农业、工业和建筑业、交通运输、服务业及其他、居民生活。

②基本方法

本省（区、市）二氧化碳排放总量（以下简称名义排放总量）由能源活动的直接二氧化碳排放量与电力调入蕴含的间接二氧化碳排放量加总得到，即：

$$CO_2 = CO_{2,\text{直接}} + CO_{2,\text{间接}}$$

其中，

a.能源活动的直接二氧化碳排放量可以根据不同种类能源的消费量和二氧化碳排放因子计算得到，即：

$$CO_{2,\text{直接}} = \sum A_i \times EF_i$$

式中，A_i表示不同种类化石能源（包括煤炭、石油、天然气）的消费量（标准量），可由能源平衡表计算得到。各种能源折成标准煤参考系数以各年度《中国能源统计年鉴》附录为准。EF_i表示不同种类化石能源的二氧化碳排放因子，采用最新国家温室气体清单排放因子数据，其中煤炭为2.66吨CO_2/吨标准煤，油品为1.73吨CO_2/吨标准煤，天然气为1.56吨CO_2/吨标准煤。

b.电力调入蕴含的间接二氧化碳排放量可利用本省（区、市）境内电力调入电量和国家推荐的煤电、气电二氧化碳排放因子计算得到，即：

$$CO_{2,\text{间接}} = \sum A_e \times EF_e$$

式中，A_e表示由电网公司提供的煤电、气电和非化石能源电力调入量，EF_e表示国家推荐的煤电、气电等电力二氧化碳排放因子。其中，煤电二氧化碳排放因子为0.853tCO_2/MWh，气电二氧化碳排放因子为0.405tCO_2/MWh。调入非化石能源电力的，其相应的调入电力二氧化碳排放因子计为0。

（2）分析碳排放历史趋势与现状特征

根据实际情况，计算本省（区、市）2010—2019年的年度碳排放总量，并分别计算各领域和各能源品种的直接排放，以及电力调入蕴含的间接排放，包括能源生产与加工转换、农业、工业和建筑业、交通运输、服务业及其他、居民生活等领域。

①碳排放总量及各领域排放增幅

计算本省（区、市）及各领域2011—2019年碳排放量相对2010年碳排放量增幅，分析碳排放总量历史变化趋势与规律。

第 y 年碳排放相对 2010 年的增幅 $= \dfrac{(CO_{2,y} - CO_{2,2010})}{CO_{2,2010}}$

第 y 年第 j 个领域碳排放相对 2010 年第 j 个领域的增幅 $= \dfrac{(CO_{2,y,j} - CO_{2,2010,j})}{CO_{2,2010,j}}$

式中，第 y 年指除 2010 年外的已有能源平衡表的年份，第 j 个领域指能源生产与加工转换、农业、工业和建筑业、交通运输、服务业及其他、居民生活等。

②各领域碳排放占比

计算本省（区、市）2010—2019 年各领域碳排放量占该年度本省（区、市）碳排放总量比重，分析碳排放变化趋势与规律。

第 y 年第 j 个领域碳排放占比 $= \dfrac{CO_{2,y,j}}{本省(区、市)碳排放总量_y}$

式中，第 y 年指 2010—2019 年中已有能源平衡表的年份，第 j 个领域指能源生产与加工转换、农业、工业和建筑业、交通运输、服务业及其他、居民生活等。

③分品种化石能源、调入电力碳排放增幅及占比

计算本省（区、市）2011—2019 年的煤炭、石油、天然气、调入电力碳排放相对 2010 年碳排放增幅，分析分品种能源碳排放变化趋势和特征。

第 y 年 第 i 种 能 源 碳 排 放 相 对 2010 年 第 i 种 能 源 碳 排 放 的 增幅 $= \dfrac{(CO_{2,y,i} - CO_{2,2010,i})}{CO_{2,2010,i}}$。

式中，第 y 年指除 2010 年外的已有能源平衡表的年份，第 i 种能源指煤炭、石油、天然气、调入电力。

第 y 年第 i 种能源的碳排放占比 $= \dfrac{CO_{2,y,i}}{本省(区、市)碳排放总量_y}$

式中，第 y 年指 2010—2019 年中已有能源平衡表的年份，第 i 种能源指煤炭、石油、天然气、调入电力。

本研究是精准编制了全市生态环境准入清单，从区域布局管控、能源资源利用、污染物排放管控、环境风险防控四个维度，提出了全市总体管控要求、区级共

性管控要求及单元差异性管控要求。

（3）分析确定二氧化碳排放达峰目标

基于本省（区、市）经济发展阶段以及能源消费和碳排放现状，综合考虑经济社会发展目标、碳排放强度控制目标、能耗"双控"目标、大气污染防治目标以及2035年远景目标和力争2060年前实现碳中和等因素，科学研判排放趋势，综合考虑确定二氧化碳排放达峰目标，明确达峰路径和重点任务。

①一般步骤

a.识别二氧化碳排放主要驱动因素

参考历史排放变化趋势，结合本地区发展定位与进程、产业结构特征、能源资源禀赋以及社会经济发展规划与产业发展规划等，在不进行额外调整或开展强化行动的情况下，预测分析本省（区、市）未来经济增长、产业结构、人口、能源需求及结构和重点领域碳排放，识别出本省（区、市）及重点领域与行业二氧化碳排放的主要驱动因素及高耗能、高排放项目，确保能够体现二氧化碳排放达峰后呈稳中有降的趋势。

b.分析政策和措施发展趋势及减排潜力

确定本省（区、市）重点领域碳排放控制政策与行动的实施进展及主要问题，分析各类政策措施的减排效率、普及率或推广率的提升路径，研究提出实现达峰目标需要进一步强化或创新的重点政策与行动清单，在此基础上分析各类政策和措施减排潜力，评估上述政策和措施对拉动投资、扩大就业、减少污染物排放可能带来的协同效应。

c.峰值目标确定

结合国家碳排放控制目标及分解落实机制相关要求，采用"自下而上"与"自上而下"相结合的分析方法，综合研判峰值目标。

d.识别重点领域并确定达峰路径

识别推动本地区达峰的重点领域及行业，筛选出能够实现重点领域及行业减排潜力最大化、推动重点领域及行业提前达峰的关键政策措施，形成政策措施需求清单。结合需求清单，确定下一阶段需要采取减排行动的重点领域，研究确定本省（区、市）"十四五""十五五""十六五"时期的达峰路径，明确重点领域及行业碳排放控制主要目标与任务。

②分领域计算方法

分领域的能源活动产生的二氧化碳直接排放可以根据不同种类化石能源的消费量和二氧化碳排放因子计算得到，即：

$$CO_2,_{直接}=\sum\sum(A_{i,j,k} \times EF_{i,j,k})$$

式中，A 表示不同种类化石能源的消费量，EF 表示不同种类能源的排放因子，i 为化石能源类型，j 为领域类型，k 为技术类型。

3.实施路径

明确二氧化碳排放达峰实施路径是落实省级达峰目标的关键环节，通过重点领域识别、政策措施优选和重大工程项目衔接，进一步以不同的时间和空间尺度把达峰目标分解到具体的领域、行业和项目层面，鼓励有条件的省（区、市）进一步分解到区域层面，并在此基础上提出实现达峰目标所需要的具体政策和措施。

（1）重点领域识别

采用定性和定量相结合方式。从定性角度，主要考虑工业化进程、城镇化进程、产业结构、能源结构、非化石能源利用潜力等因素，初步判断达峰重点领域。从定量角度，采用排放源法、排放趋势法、减排潜力和成本法、系统分析法等分析方法，识别出排放存量大、排放增量大、减排潜力大、减排成本低和对达峰目标贡献大的领域和行业，作为达峰重点领域。

（2）鼓励重点区域

鼓励有条件的省（区、市）将二氧化碳达峰目标进一步细化并落实到各个区域。重点区域的确定采用定性与定量相结合方式。从定性角度，主要考虑人口聚集趋势、经济发展前景、产业结构状况、重大项目布局、技术水平条件、资源环境禀赋等因素，初步判断达峰重点区域。从定量角度，采用排放源法、排放趋势法、减排潜力和成本法、系统分析法等分析方法，识别出排放存量大、排放增量大、减排潜力大、减排成本低和对达峰目标贡献大的区域，作为达峰重点区域。差异化确定不同区域的减排任务，指导重点区域分阶段制定并实施达峰目标。

（3）政策和措施优选

各省（区、市）需制定达峰行动政策路线图，将二氧化碳排放达峰目标与能耗"双控"目标、大气污染防治目标、2035年远景目标、力争2060年前实现碳中和、国家主体功能区规划、国家重大工程项目相衔接，将开展二氧化碳排放达峰行动与生态文明建设和绿色低碳发展、供给侧结构性改革工作相衔接，将二氧化碳排放达峰行动纳入本省（区、市）"十四五"国民经济和社会发展五年规划、专项规划等政策文件。

结合情景分析结果和相关标准、准则及工具，根据自身需求提出分领域政策和项目清单，并进行排序和优选，形成兼具普适性和个性化的政策措施实施方案。分领域政策措施和项目选项包括但不限于以下几类：

①城市空间格局方面的政策和措施

这方面的政策和措施主要涵盖城乡发展、土地规划、产业布局等方面，充分体现低碳发展理念，实现城乡基础设施低碳化。可供考虑的政策措施包括但不限于：合理控制城市发展边界、提高城镇土地利用效率；将"紧凑型城市""土地混合利用"等低碳发展理念融入城乡等基础设施规划编制、实施和动态管理；以低碳发展为导向，合理规划城市功能区，优化产业空间布局，打造紧凑型、集约型空间格局。

②经济和产业结构方面的政策和措施

这方面的政策和措施主要涵盖产业结构升级、特色产业发展、产品结构调整等方面，加快形成绿色低碳循环发展的经济体系。可供考虑的政策措施包括但不限于：培育绿色低碳新产业，发展有特色的低碳服务业；发展低碳型生产性服务业，如碳排放核算报告核查服务等。根据本地经济水平和资源条件，发展战略性新兴产业和高端制造业，包括节能环保、新一代信息技术、生物、高端装备制造、新能源、新材料、新能源汽车等。调整产品结构，提高行业生产技术，延长产业链，提高产出的附加值，走向产业链高端。

③能源加工转换领域的政策和措施

这方面的政策和措施主要涵盖控制煤炭消费总量，推广使用天然气，发展非化石能源，提高能源加工、转换和输送效率，加快构建清洁低碳安全高效的能源体系。可供考虑的政策措施包括但不限于：非化石能源发展目标和可再生能源配额制度、煤炭消费总量控制、对可再生能源的直接补贴、可再生能源直接购电、强制新建建筑安装太阳能、分布式可再生能源发电、社区集中购电、社区共享太阳能和灵活负载项目等。

④工业领域的政策和措施

这方面的政策和措施主要涵盖落后产能淘汰、技术标准升级、循环经济发展等方面，加快传统工业低碳化技术改造和转型升级。可供考虑的政策措施包括但不限于：加大对高耗能、高排放落后产能的淘汰力度，将钢铁、水泥等高耗能、高排放行业作为工业领域达峰行动重点；通过实施固定资产项目节能评估和碳排放评估，从用能总量、能耗标准、碳排放标准等方面严把准入关，规避高耗能产业无序增长；通过积极发展循环经济，推动对能源、材料和废弃物的重复、持续、资源化再利用。

⑤建筑领域的政策和措施

这方面的政策和措施主要涵盖减少建筑能耗和优化建筑用能结构两个方面，推动建筑物的绿色低碳和近零碳运行。减少建筑能耗的主要途径包括合理控制建筑规模、提高建筑能源利用效率、引导节约的建筑用能方式等。优化建筑用能结构的重点是推进低碳能源在建筑领域的应用，尤其是促进可再生能源在建筑中的规模化应用。可供考虑的政策措施包括但不限于：限制不合理拆迁，降低不理性的建筑材料需求；提高建筑材料质量和施工标准，延长建筑寿命；鼓励小型住宅和建筑再利用；既有建筑节能改造；实施强制性建筑节能标准等。

⑥交通领域的政策和措施

这方面的政策和措施主要涵盖控制交通活动水平、优化交通方式构成与运输体系组织方式、提高燃料利用效率和促进清洁能源应用等方面，推动构建绿色低碳的综合交通运输体系。可供考虑的政策措施包括但不限于：提高车船燃料经济性；加快公共交通基础设施低碳化建设，实施公交优先战略；发展非机动车交通方式；加强机动车出行需求管理，推广现代运输组织方式；提高现代交通管理和运输服务水平等。

⑦重大工程项目衔接

研究识别2021—2035年投产的高耗能、高排放重大项目（综合能耗1万吨标煤以上）并列出清单，综合分析重大项目对本地区碳排放影响。充分考虑本省（区、市）在新发展格局中的位置，以绿色低碳发展为导向，对重大项目开展绩效分析（涵盖目标、成本、效益、影响等）及工程项目与达峰行动的关联性分析，明确项目布局、减排潜力及政策、资金、技术需求，辅助政策和项目的决策。加强对高耗能、高排放项目的控制，避免将"碳达峰"变成"攀高峰"，确保平稳进入峰值年。对于重大工程项目的基本考虑包括但不限于：识别一些可立即实施投产运行的项目，助力达峰进程；根据重点领域（重点区域）的达峰目标设定不同项目组合；组织开展重点节能工程；深入实施低碳交通示范工程等。

4.保障措施

（1）加强组织领导

省级应对气候变化及节能减排工作领导小组负责二氧化碳排放达峰行动总体工作，统筹部署《省级达峰方案》编制总体工作，审议重要成果，协调和研究解决重大问题。各省（区、市）生态环境厅（局）牵头成立《省级达峰方案》编制工作领导小组，会同发展改革、统计、工信、住建、交通等有关部门开展具体工作，跟踪本省（区、市）重点领域及行业碳排放达峰行动的总体进展。

（2）强化目标责任考核

加强对达峰目标完成情况评估、考核，明确各领域、行业主管机构的责任清单，鼓励有条件的省（区、市）明确重点区域责任清单，健全责任体系。将提出和落实达峰目标纳入生态环境保护督察，持续推动达峰相关政策落实。实行达峰行动目标责任评价考核制度，并建立年度重点工作进展报告制度、中期跟踪评估机制，将达峰行动年度报告、中期评估和考核结果作为对重点行业主管单位领导班子综合考核评价的重要依据，鼓励有条件的省（区、市）将达峰行动年度报告、中期评估和考核结果作为对重点区域主管单位领导班子综合考核评价的重要依据。

（3）强化资金支持

根据《省级达峰方案》提出的目标和主要任务、重点行动等，构建多元化财政资金投入机制。积极支持国家自主贡献项目库建设，保障达峰行动资金供给。建立以政府为主导、企业为主体、产学研相结合的低碳技术创新体系，加大对企业低碳技术研发、推广和应用等的扶持力度。

（4）加强能力建设

根据实际情况，加大开展低碳发展能力建设培训工作力度，对相关领域管理人员和技术支撑队伍定期开展培训工作，鼓励重点排放行业和区域协同开展达峰目标和路径研究，保障《省级达峰方案》顺利实施；通过国内外合作研究、培训考察、交流研讨等方式，积极学习吸收国内外先进理念、技术和管理经验。

（二）工业园区碳达峰行动方案编制指南

1.现状与形势分析

（1）基本情况

调研工业园区功能属性定位和经济发展情况，包括但不限于工业园区建设目标、产业链和供应链布局、入驻企业类型和户数、规模以上企业户数、主导产业典型企业发展概况、近5年内（如工业园区建成投运不足5年，从建成投运起始年份起算）每年的开发面积、标准厂房面积、工业总产值、规模工业总产值、工业增加值等内容。

梳理国家和园区属地碳达峰相关要求及产业规划，梳理园区内企业所属行业碳达峰相关部署和规划。

（2）碳排放核算

确定园区碳排放核算边界，梳理园区内碳排放源，包括化石燃料燃烧、工业生产和废弃物处理等过程的二氧化碳直接排放以及电力、热力调入蕴含的二氧化碳间接排放的排放源，计算园区边界内历年的二氧化碳排放[45]。

①核算边界

核算边界包括工业园区地理边界内化石燃料燃烧二氧化碳排放、过程二氧化碳排放、购入的电力和热力所对应的二氧化碳排放、输出的电力和热力二氧化碳间接排放。

②核算步骤

进行工业园区碳排放核算的工作流程包括以下步骤：a）识别排放源；b）收集活动数据；c）选择和获取排放因子数据；d）分别计算燃料燃烧二氧化碳排放量、过程二氧化碳排放量、购入的电力和热力所对应的二氧化碳排放量；e）汇总计算工业园区二氧化碳排放总量。

③核算方法

工业园区二氧化碳排放总量等于工业园区管理边界内所有化石燃料燃烧二氧化碳排放量、购入的电力和热力所对应的二氧化碳排放量、工业生产过程二氧化碳排放量、废弃物处理二氧化碳排放量之和。

工业园区可依据上述核算方法，根据核算边界内排放源进行二氧化碳排放核算。

（3）碳排放历史趋势与现状指标分析

基于历史年份的能源活动二氧化碳直接排放、间接排放数据，梳理碳排放总量及排放源构成，分析碳排放总量历史变化趋势，预测未来碳排放水平，分析各领域排放在总量中占比，各行业碳排放强度和标杆对比，识别碳达峰及碳减排工作的重点领域及排放源。

根据实际情况，统计分析工业园区近5年内（如工业园区建成投运不足5年，从建成投运起始年份起算）每年的碳排放相关指标情况，计算其相对于基准年的增幅、相对于上一年的增幅，分析变化原因，总结历史变化趋势与规律，识别重点排放源。碳达峰相关指标包括但不限于：

a）总量指标

工业园区二氧化碳排放总量：分环节的排放总量，包括燃料燃烧二氧化碳排放量、过程二氧化碳排放量、购入的电力和热力所对应的二氧化碳排放量、输出的电力和热力所对应的二氧化碳排放量；分能源种类的排放总量，包括因使用煤、油、气、电、热等能源分别产生的二氧化碳排放量；分行业的排放总量，包括工业园区内不同行业领域分别产生的二氧化碳排放量。

b）强度指标

工业园区单位工业总产值二氧化碳排放量、单位工业增加值二氧化碳排放量等。

c）结构性指标

工业园区非化石能源在能源消费总量中的占比、电力在终端能源消费中的占比、绿色电力在电力消费中的占比等。

d）其他指标

工业园区绿化率、垃圾无害化处理率、绿色建筑占比、绿色工厂占比等绿色低碳指标。

2.总体要求

（1）机遇与挑战

按照国家在2030年前二氧化碳排放达峰、力争在2060年前实现碳中和愿景，结合本地及园区的实际及发展规划，分析园区在碳达峰碳中和背景下面临的机遇与挑战。

（2）工作原则

坚持以国家和地方在碳达峰碳中和工作中的指导思想为引领，坚持以国家和地方在碳达峰碳中和工作中的规划部署为依托，坚持以园区所属地区、园区自身及相关行业的实际发展情况为科学依据。

（3）制定目标

研究确定本工业园区二氧化碳排放峰值年份、总量目标，研究确定碳达峰和碳减排工作的重点领域，研究确定碳达峰和碳减排工作重点任务和实施主体。

①识别二氧化碳排放主要驱动因素

基于整理工业园区碳排放历史趋势与现状特征，结合本地区发展定位与进程、工业园区的产业结构特征及上位规划等，识别出本园区二氧化碳排放增长的重点企业，高耗能、高排放项目。在能效诊断和节能评估的基础上，从产业特点、技术水平、能源供给和消费结构等方面摸清园区碳减排成本和潜力，确定重点碳减排领域。

②分析政策和措施发展趋势及减排潜力

采用定性和定量相结合的方式，针对工业园区碳排放主要驱动因素分析具体的减排措施及潜力预测，并分析园区未来碳排放发展趋势。从定性角度，主要考虑工业转型升级、园区内能源结构、非化石能源利用潜力等因素，识别碳减排重点场景。从定量角度，采用排放源法、排放趋势法、减排潜力和成本法、系统分析法等分析方法，识别出排放存量大、排放增量大、减排潜力大、减排成本低和对园区碳达峰目标贡献大的领域和企业，作为碳减排重点场景。

③制定碳达峰目标

a.制定依据和方法

基于国家或地方要求以及工业园区的碳排放现状、主要驱动因素和相关碳减排重点领域，综合考虑工业园区所在地区的经济社会发展目标、碳排放强度控制目标、能耗"双控"目标及2035年远景目标和力争2060年前实现碳中和等目标，通过"自上而下"和"自下而上"相结合的方式综合研判，构建园区碳达峰目标的内容及形式。"自上而下"是指根据地方政府或行业部门分解给工业领域的碳达峰相关工作要求制定碳达峰目标，"自下而上"是指工业园区内的企业根据各自的实际情况提出的与碳达峰相关的目标或措施而制定园区的碳达峰目标。

b.目标分解

工业园区碳达峰目标的内容和形式（如峰值平台期、达峰过程中的阶段性目标等），要依据工业园区的特点及园区内不同的企业特点合理确定。阶段性目标可从时间和空间两个角度进行分解，对有些特定企业可以从空间上将目标分解到企业车间、生产线甚至具体工艺层面，达峰时间目标的分解也可以因企、因地制宜而有一定的灵活性。

3.碳达峰实施路径

（1）重点领域与重点环节识别

①重点领域识别

根据工业园区碳达峰总体目标和阶段性目标，梳理确定园区内各产业或各企业的减排目标，并提出重点领域识别、技术措施优选、管理措施落实和参与必要的市场交易等方法相结合的方式确定工业园区碳达峰的实施路径。

②重点环节识别

针对阶段性目标，开展园区内产业或企业的重点减排环节识别，包含企业产生碳排放相关的公共措施和工业用能。公共措施是指园区公共交通、公共建筑节能、清洁能源和可再生能源开发利用、能源梯级利用等，工业用能是指能效提升、生产工艺的节能优化、高能效产品的应用等。

③实施主体识别

园区公共交通、公共建筑节能、清洁能源和可再生能源开发利用、能源梯级利用等公共措施可由园区整体规划、设计和建设实施。工业用能的能效提升、生产工艺的节能优化、高能效产品的应用等措施鼓励园区内企业根据自身特点实施。

（2）实施路径

①技术路径

实施过程中充分考虑工业园区所处地域、行业特点、技术水平和资源禀赋等因素，采取针对性的技术手段促进园区整体碳排放量的降低，主要的技术措施包括但不限于以下几类：

a.源头减排

分析工业园区及附近区域资源环境禀赋、建设实施条件以及项目经济性，因地制宜地在有条件的工业园区内及附近地区开发建设光伏发电、风力发电、燃气冷热电三联供、生物质清洁利用、地热能开发等设施替代化石能源，从源头减少温室气体的生成和排放。

b.能源消费电气化

调研工业园区公共设施和企业设施中能源终端消耗现状，评估电锅炉、电窑炉、岸电技术、交通电气化、工艺流程电气化等电气化技术实施的可行性，推广适合场景中电气化替代产品和技术，促进能源消费端碳减排。

c.提高能源利用效率

分析工业园区内能源利用效率（物理效率及经济效率），依法依规淘汰低效能工艺及设备，因地制宜运用余热回收技术、热泵技术、电气节能技术、空调节能技术、废弃物资源化利用技术等技术措施，促进能源高效利用，提高能源利用效能，减少能源消耗总量和温室气体排放。

d.工艺过程优化

结合工业园区企业生产实际，分析现有工艺流程技术特点和水平，挖掘工艺流程节能潜力，统筹分析工艺节能相关的技术可靠性、技术经济性、建设条件可行性、投资回收效率以及技术示范性等因素，针对不同生产工艺采取合适的节能技术，以减少能源消耗，进而减少温室气体排放。

e.产业共生

推进园区内企业开展工业废物交换利用和消费废物循环利用相关的行为，工业园区可以通过组织规划或引导企业自发实施，并投入必要的基础设施建设，使得工业园区内各企业形成产业共生体系，以减少原材料消耗，减少温室气体排放。

f.能源梯级利用

梳理工业园区生产用能各环节和用能特点，为设施和工艺构建低碳循环、协同高效的能源梯级利用体系，使得各用能环节互为能量的提供者，以降低工业园区能源消费，减少温室气体排放。

g.智慧能源平台

综合运用5G、物联网、云计算、大数据以及人工智能等技术，满足工业园区能效监测、能效诊断、节能建议、能源交易、碳排放核查、碳排放管理、碳市场交易、碳达峰路径追踪与策略决策等相关功能需求，因地制宜建设智慧能源管理平台，统筹协调、管理园区能源及碳减排。

h.碳捕集、利用与封存（CCUS）

因地制宜开展工业园区和企业CCUS试验示范工作，积累项目建设、运行和管理经验，特别是在具有二氧化碳利用条件的产业园区，应积极采用成熟经济的CCUS技术，减少碳排放量。

②市场路径

a.绿色电力交易

组织工业园区内企业在电力交易中心、平台等合规场所进行以绿色电力产品为标的物的电力中长期交易，减少相应工业园区间接碳排放量。

b.碳市场交易

组织工业园区内企业通过碳排放权交易平台适时购买配额、CCER等碳资产，抵消工业区的二氧化碳排放。

③管理路径

a.电力需求响应

结合工业园区生产实际、工艺流程、生产线之间关联关系，梳理园区需求侧相关用能设备负荷特性、源网荷储协调优化运行等管理技术、用电与交易策略等，制定工业园区需求响应制度，引导工业园区企业有序用电，提高电能利用效率和电力系统安全经济运行水平。

b.鼓励园区内企业制订碳达峰行动方案

充分考虑产业行业差异，鼓励园区内单个企业法人实体根据自身实际情况，编制企业级碳达峰行动方案，积极参与行业和区域协同开展的达峰目标和路径研究。园区根据整体达峰路径的实施提出指导意见，并提供必要的实施条件。

c.建立协调沟通机制

参考国家和地方出台的关于"碳达峰"的政策和指导性文件，密切跟进地方在"碳达峰"方面的具体要求，配合做好政府和企业的衔接。结合产业规划和特点，调查研究企业"碳达峰"进展，建立长效的联动机制，调动园区全面广泛参与"碳达峰"。

d.指标跟踪与路径优化

碳达峰实施方案编制实施后，根据工作开展需要，按碳达峰指标体系，逐年或定期统计工业园区相关数据进行指标计算，通过掌握碳达峰工作的实际运行情况，视情况对碳减排实施路径进行优化改进。

4.保障措施

（1）加强组织领导

成立园区内专项工作小组，根据国家、省级和地区碳达峰相关安排，建立健全工作和管理机制，统筹协调解决工作中遇到的重大问题。

（2）强化目标考核

压实园区碳达峰相关工作的责任主体，责任到企、责任到人，并制定配套管理制度和评价体系，支撑工业园区碳达峰工作有序开展。

（3）保障资金支持

积极与省级或地区政府沟通，争取园区绿色低碳发展的资金支持扶持政策，完善多元投融资渠道，多方位保障工业园区碳达峰相关工作。

（4）加强园区能力建设

根据工业园区实际情况，加大开展低碳发展能力建设培训工作力度，对园区成员单位或企业管理人员和技术支撑队伍定期开展培训工作，鼓励重点排放行业和区域协同开展达峰目标和路径研究，形成多企业参与、协调联动的工作机制，保障实现园区碳达峰目标。

二、重点行业双碳研究方法学

本章节根据电力、工业、建筑和交通四个重点部门的特点，在技术层面和部门层面，介绍相应减排模型和方法学，在可能情况下，测算对应减排成本和减排潜力。技术层面的减排模型和方法学，最为典型的为麦肯锡采用的减排潜力—成本曲线方法，该方法在直观给出各种技术减排潜力的同时，也给出了相应技术的减排成本。而部门层次的减排模型和方法学，主要考虑各种能源技术之间的竞争关系，以系统能源成本最小化或者效用最大化为目标函数，比较参考情景和减排情景下的部门层次的减排潜力和减排成本，最为典型的方法有TIMES模型和GCAM模型，前者采用能源系统成本最小化方法，后者采用离散选择方法。

（一）电力行业

1.电力行业概述

电力部门是推动国民经济发展和改善人民生活的重要能源部门，其在终端能源消费总量中的比重逐年上升，而其导致的排放量在温室气体排放总量中占据主要份额。电力部门包含的技术种类繁多，而且随着核电与可再生能源电力技术的快速发展，电力部门节能及减少CO_2排放的潜力越来越大。目前电力部门的技术主要包括化石能源发电、可再生能源发电、核电几大类。

可再生能源发电、核电、洁净煤和天然气发电与温室气体减排最终要以发电技术在具体工程项目中的应用来实现，而这些技术已经在中国开始商业化运行或者正在被示范推广。

（1）水电是主要的清洁可再生能源。中国水电机组的设计、制造正逐步全面达到世界先进水平，并已走向国际市场。目前，中国不但是世界水电装机第一大国，也是世界上在建规模最大、发展速度最快的国家，逐步成为世界水电创新的中心。

（2）风电被认为是除水电外最具经济竞争优势的可再生能源技术。中国的风电发展目前已初步建立了覆盖风能资源评测、风电设备产业化、上网电价、税收优惠等的政策体系。

（3）太阳能发电的国内市场急剧扩张。光伏发电技术中的晶体硅技术已基本成熟，薄膜技术尚处于示范阶段，相应成本也较高。根据全生命周期评价的方法，中国不同地区光伏发电的能量回收期为2.8～5.1年。

（4）生物质发电是现代生物质能利用技术中最成熟和发展规模最大的领域。生物质发电包括直燃发电、混燃发电、垃圾填埋气发电和垃圾焚烧发电等，各种生物质发电技术仍面临着不同的问题，包括本地化进程缓慢、初始投资高、原料收集成本高、项目运行风险大、上网难等问题。

（5）核电已成为未来能源发展的重要力量。中国将核电发展作为大规模替代火力发电、减少温室气体排放的重要手段，制定了宏伟的发展目标。核电技术包括核聚变发电技术和核裂变发电技术，目前投入商业运行的都是核裂变发电技术。

（6）洁净煤发电技术是在煤炭开发和利用过程中，旨在减少污染和提高效率的煤炭加工、燃烧、转化和污染控制等一系列技术的总称，目前应用的主要是循环流化床技术、整体煤气化联合循环发电技术。洁净煤发电技术的广泛应用有利于中国丰富煤炭资源的有效和清洁利用。

2.电力行业减排评价模型与方法

电力部门减排评价包括以下四个方面。

（1）基准发电技术的选取

在对低碳电力技术进行 CO_2 减排成本计算时，必须先确定一个基准技术，以此计算各种替代发电技术的减排成本及减排潜力。由于目前中国的煤电技术占据了电力装机总量的近70%，而60万千瓦的超临界煤电技术是当前电力机组的主力机型，因此，各项研究通常将60万千瓦超临界燃煤发电技术作为基准技术，确定节能减排及相关成本的基准参数，如表5-1所示。

表5-1　　　　　　　　　　60万千瓦燃煤电厂主要参数

发电煤耗 （克/千瓦时）	供电煤耗 （克/千瓦时）	发电效率 （%）	供电效率 （%）	CO_2排放量 （千克/千瓦时）	发电成本 （元/千瓦时）	供电成本 （元/千瓦时）
291	306	42.2	40.1	0.871	0.285	0.300

（2）减排成本的计算

评价各类发电技术 CO_2 减排成本的主要目的是衡量各种技术的经济可行性，并将其与基准技术相比较，从而为电力技术的选择提供科学依据。低碳电力技术的减排成本，即相对于某个基准线技术，当减少单位温室气体排放量时所增加的成本，其测算公式为

$$COST_{Mit} = \frac{LCOE_{LC} - LCOE_B}{EMI_B - EMI_{LC}}$$

式中，$COST_{Mit}$ 为低碳电力技术的减排成本，单位为元/克 CO_2；$LCOE_{LC}$ 与 $LCOE_B$ 分别为低碳电力技术和基准技术的发电成本，单位为元/千瓦时；EMI_B 与 EMI_{LC} 分别为基准技术与低碳技术每发 1 千瓦时电产生的 CO_2 排放，单位为克 CO_2/千瓦时。在只考虑发电运行的情况下，核电与可再生能源发电技术的 CO_2 排放量为 0。

发电成本的计算通常采用平准化发电成本（levelized cost of energy，LCOE）方法，即用总费用的最小现值除以总发电量的现值，从而得到以单位发电量成本表示的平准化贴现成本（元/千瓦时）。平准化发电成本可以提供给成本与现金流更精确的计算公式，可以更真实地反映系统能效精确的投资报酬率，可以用来衡量电力技术系统的效能进而促成最佳决策，其计算公式为

$$LCOE = (I_t + \sum_{t=1}^{n} \frac{M_t + F_t}{(1 + r)^t}) / \sum_{t=1}^{n} \frac{E_t}{(1 + r)^t}$$

式中，I_t 为发电技术的初始投资成本；M_t 为发电技术的运行维护成本；F_t 为发电技术的燃料成本，可再生能源的燃料成本（除生物质外）均为零；E_t 为发电量；r 为折现率，根据各类发电项目寿命期的不同，折现率的取值也不同。

以太阳能光伏发电技术为例，取 2010 年太阳能光伏发电的投资成本为 18 000 元/千瓦，贴现率为 6%，其他技术参数和经济参数如下表所示，则到 2020 年预计太阳能光伏发电的平准化成本可下降到 0.684 元/千瓦时，其与煤电的发电成本差距将大大缩小，见表 5-2。

表5-2　　　　　　　　　　　　太阳能光伏发电成本及主要参数

技术	单位	2010年	2015年	2020年
技术参数	—	—	—	—
寿命期	年	20	20	20
学习曲线	%	93	93	93
装机	吉瓦	0.8	20	47
经济参数	—	—	—	—
投资成本	元／千瓦时	18 000	12 850	11 751
固定运行成本	元／千瓦时	180	129	118
可变运行成本	元／千瓦时	0.05	0.05	0.05
贴现率	%	6	6	6
平准化发电成本	—	1.022	0.744	0.684

（3）技术学习曲线的选取

学习曲线（learning curve），也称为经验曲线，被广泛应用于可再生能源及核电技术未来成本的预判。学习曲线描述了新技术成本（C）在 t_1 和 t_2 期间，随着产品累计产量（Q）的增加而变化的状况。

$$\frac{C_{t1}}{C_{t2}} = \left(\frac{Q_{t2}}{Q_{t1}}\right)^{-b}$$

式中，C_{t1} 和 C_{t2} 为新技术在 t_1 和 t_2 期间的成本；Q_{t1} 和 Q_{t2} 为新技术在 t_1 和 t_2 期间的累计装机容量；b 为学习曲线的指数系数，通常定义为学习率。当新技术的 Q_{t1}、Q_{t2} 和 C_{t1} 已知的情况下，发电技术在 t_2 时期的成本可通过公式计算得出。

$$logC_{t2} = -b \times \left(logQ_{t2} - logQ_{t1}\right) + logQ_{t1}$$

根据国际能源署发布的报告[9]，各类发电技术的学习率及未来20年的变化趋势如表5-3所示，其可作为计算煤电替代技术成本计算的参考。

表5-3　　　　　　　各类发电技术的学习率及未来20年的变化趋势

技术	2010	2015	2020	2025	2030
煤电	99	99	99	99	99
油电	99	99	99	99	99
天然气发电	99	99	99	99	99
核电	95	95	95	97	97
水电	99	99	99	99	99
生物质发电	95	95	95	97	97
风电	95	95	95	99	99
地热发电	95	95	95	99	99
太阳能光伏	85	85	85	92	92
太阳能热电	80	80	80	90	90
海洋能	85	85	85	92	92

（4）减排潜力分析

由于核电和可再生电力技术在运行过程中不消耗化石能源、不排放 CO_2，因此，上述低碳技术的减排潜力即为其替代煤电相应发电量而避免的 CO_2 排放，计算公式如下：

$$EMI_B = C \times EF$$

式中，EMI 为单位煤电的 CO_2 排放量，即低碳电力技术的 CO_2 减排量，单位为克 CO_2/千瓦时；C 为发电煤耗，取值291克/千瓦时；EF 为单位煤电的 CO_2 排放因子，取值2.66克 CO_2/克标准煤。

可再生电力技术的发电量通常与资源分布和资源状况密切相关，其年发电量可表示为装机容量与年运行小时数的乘积。但是太阳能光伏发电的计算公式则相对复杂。

$$E_{t,i} = Q_{t,i,p} \times A_p \times R_i \times E_f \times C_0$$

式中，E 为太阳能光伏系统在 i 地区、t 年的发电量（千瓦时/年）；$Q_{t,i,p}$ 为该地区在 t 年的装机容量（kW）；A_p 为单位装机容量所需的占地面积（平方米/千瓦），通常为 $7 \sim 10$ 平方米/千瓦；R_i 为单位面积接受的年太阳辐射量〔千瓦时/（平方米·年）〕；E_r 为太阳能光伏组件效率（%），通常在 $10\% \sim 25\%$；C_0 为系统综合效率，通常为 85%。

3.电力行业减排潜力

以 60 万千瓦的超临界煤电机组为参考基准，各类低碳发电技术与此基准技术相比较，2020 年，我国能源供应部门实施清洁煤高效发电技术和可再生能源、新能源发电技术可实现减排近 16 亿吨 CO_2。从减排成本的角度进行分析，水电技术是唯一减排成本为负的可再生能源技术，其中，大水电的减排成本为 100 元/吨 CO_2；小水电技术的减排成本接近 60 元/吨 CO_2。除水电技术的减排成本为负值外，其他可再生能源和新能源的减排成本均为正。其中，核电、风电技术的减排成本相对较低，在 $100 \sim 200$ 元/吨 CO_2；生物质发电成本比风电高，在 $300 \sim 400$ 元/吨 CO_2；太阳能发电技术的减排成本最高，在 $500 \sim 700$ 元/吨 CO_2，而太阳能热电技术的减排成本将超过 1 000 元/吨 CO_2。

各类技术对我国温室气体减排贡献如下：2020 年水电和核电技术对我国电力结构改善的贡献最大，其减排量分别占总量的 46% 和 29%，其中，大水电预期在未来 10 年内有较快发展，累计装机达到 2.3 亿千瓦时；风电在近期的发展也十分迅猛，其装机容量根据规划将达到 1.5 亿千瓦时，但由于其年运行小时数较低，因此，其所能带来的减排量仅占减排总量的 16%；生物质发电技术的发展速度相对缓和，其所能带来的减排量将占减排总量的 8%；太阳能发电和地热发电技术由于技术和成本原因在 2020 年尚不能发挥太大作用。

（二）工业

2010 年，我国能源消费总量达到 32.5 亿吨标准煤，居世界第一，其中工业部门能源消费所占比例约为 7%，而经济合作与发展组织国家该比例仅为 1/3 左右。尽管我国人均能源消费约为经济合作与发展组织国家人均水平的40%，但人均工业能耗已为欧盟和日本人均水平的2/3左右。工业部门内部，能源消费和温室气体排放明显集中于高耗能行业。2010年，五大高耗能行业：钢铁、化工、非金属（含水泥）、有色、造纸能源消费占工业部门能源消费总量的75%。其中，钢铁占32%，化工占18%，非金属（含水泥）占15%。另外，工业生产过程中的排放主要来自水泥和钢铁行业。因此，高耗能行业决定了我国工业部门未来能源消费的排放趋势。

工业部门能源消费和排放评价模型大体上分为两大类，一是国家层面的能源经济模型，通常将工业部门作为终端需求部门（工业、交通和建筑）进行分析，如IPAC-AIM模型、3E模型、WEM模型、NEMS等，该类模型作为国家能源经济模型，工业部门高度集成，难以进行较为详细的分析，但是MARKAL模型/TIMES模型在工业部门终端利用方面具有较为详细的描述。这两个模型主要以具体的工业部门能源消费和排放评价为主，可进行细节描述。其主要针对发达国家工业部门，并基于发达国家的经验和基础数据而建立，针对中国等发展中国家工业部门能源消费及 CO_2 排放特点和基础数据的相对较少，特别是在国家模型或者全球模型下的较为详细的工业部门减排评价相对较少。

工业部门减排评价通常相对于参考情景而言，并基于相同能源系统描述。因此，工业部门减排评价涉及三个方面，一是工业部门能源系统描述，即工业部门参考能源系统；二是部门层次的减排评价模型和方法；三是具体技术的减排评价方法。其中，具体技术的减排评价是部门层次减排评价的基础，但其减排潜力在部门层次通常难以直接相加，并且描述各种减排技术之间的竞争关系比较困难[16] [17]。

1. 工业能源消费和排放系统描述

由于工业部门种类繁多，能源利用技术千差万别。考虑到数据的可获得性问题和不确定性问题，详细描述每一个部门的每一种技术几乎不可能，也没有必要。因此，部门选择和能源技术种类的划分及其描述是其中最为关键的问题。部门选择通常选择最具代表性的部门或者行业，其中高耗能行业（钢铁、水泥、化工、有色金属、造纸）往往需要单独描述。对某个具体部门来说，需要对千差万别的能源利用技术进行分类和定量描述，并使该类方法能够推广和应用到其他部门。

针对以上两个问题，GCAM-China 模型中的工业部门模型是一个较好的解决方案，它既保持了其全球模型框架，也在工业部门进行了较为详细的描述。该模型的工业部门细分为 11 个部门，包括钢铁、水泥、化工、有色金属、造纸、食品加工、其他非金属、其他制造业、农业、建筑、采选。每个部门主要由 GDP 驱动，与体现经济发展水平和经济发展阶段的人均 GDP 密切相关，包括 6 类终端能源需求（有用能），即蒸汽热、工艺热、电机驱动、电解、原料、其他（第一层次）。每类终端能源需求可以通过不同的燃料类型（煤、油、气、电、生物质等）产生（第二层次）。而对于每种燃料类型的利用方式大体包括三类，即传统利用及其能源效率的提高、热电联产（combined heat and power，CHP）利用和 CCS 利用（第三层次）。

2.部门层次的减排评价模型和方法

研究表明，各个部门的能源需求差别很大，但第一层次（有用能）的相对比例在较长时间内保持稳定，并可以通过统计数据进行确定。因此，部门层次的减排评价主要体现为与参考情景相比，减排情景在燃料类型替代和能源利用技术选择两个方面。一旦确定具体部门的参考情景和减排情景下的各种燃料类型和各种能源利用技术的市场份额，其减排潜力和减排成本则为两种情景下的排放水平和成本之差。

燃料类型和能源技术市场份额的确定包括两类方法，一是传统的成本最小化方法，二是考虑社会偏好的离散选择方法。GCAM-China 模型采用离散选择方法，该方法既考虑了该技术的经济成本因素，也考虑了该技术的社会偏好因素，可以避免传统成本最小化模型中的"赢者通吃"的局限性。

在竞争市场中，为提供相同的终端能源需求，往往存在多种燃料类型和能源利用技术，但其经济成本和社会偏好程度并不一样，离散选择模型的一般表达式如下：

$$P_j = \frac{e^{U_j}}{\sum e^{U_i}}$$

式中，P_j 为燃料或者能源技术 j 被选中的概率，即市场份额；U_j 为燃料或者能源技术 j 的效用函数。

具体到工业部门，考虑到数据可获得性和可操作性，各种能源技术的市场份额 $Share_j$ 如下：

$$Share_j = \frac{b_j \times c_j^{r_p}}{\sum\limits_j b_j \times c_j^{r_p}}$$

式中，c_j 为能源技术 j 的平准化成本，包括初始投资、运行成本、燃料价格、技术寿命、贴现率、税收等因素。b_j 为能源技术 j 的权重系数，也即社会偏好程度，能够反映公众或者政策制定者对该技术的偏好和认可程度，愿意以多大的意愿来购买该能源技术产出。该系数的确定，一般通过历史数据或者基年数据确定，或者计量方法来确定。一般来说，该权重系数在短期内变化较小，但随着人们收入水平的提高，人们对各种技术的认可和接受程度将发生变化。一般说来，人均收入越高，清洁、高效的能源技术权重系数越大。p 为价格弹性系数，也称 logit 指数。该指数决定了能源技术成本不确定性的分布范围，也反映了能源成本变化对该技术市场份额的影响，主要通过历史数据和经验数据采用计量方法来确定。如果相关数据不可得，也可以通过问卷调查或者经验数据进行确定。竞争市场的能源技术市场份额主要依靠成本及其概率分布范围，以及该技术与其他替代技术相比较的社会偏好因素。燃料替代和燃料类型 j 的市场份额确定公式类似。

3.具体技术的减排评价方法

工业部门的 CO_2 排放机理包括以下两大类。

（1）能源活动：燃烧+动力（电力和热力消费）+原材料用途，这三项来源的 CO_2 排放量约占工业部门 CO_2 排放总量的83%。

（2）工业生产工程：定义为工业生产中，除能源活动之外的化学反应和物理变化所导致的 CO_2 排放，约占工业部门 CO_2 排放总量的17%。

工业部门低碳技术的 CO_2 减排机理包括以下三大类。

（1）源头控制：包括各类替代能源和替代原料技术措施。

（2）过程控制：节能和提高能效技术。

（3）末端控制：CCS、CCUS。

对于某项低碳技术措施，CO_2减排潜力计算如下：

$$ER = \Delta ER \times \Delta P/1000$$

式中，ER为单项技术的温室气体减排量（万吨CO_2），ΔER为单项技术的单位减排量（千克CO_2/吨产品），ΔP为单项技术从基年到目标年之间产能变化量（万吨/产品）。

其ΔP计算如下：

$$\Delta P = m \times P_B - n \times P_T$$

式中，m为单项技术在基年的推广比例（%），n为单项技术在目标年的推广比例（%），P_T为该技术所属行业在基年的产量（万吨产品），P为该技术所属行业在目标年的产量（万吨产品）。

减排成本也是推广低碳技术时所应考虑的一个重要问题，需要通过更加微观层面的典型项目数据进行测算，计算方法为：

$$C=（\Delta V-B）/ERA$$

式中，C为单项技术的减排成本（元/吨CO_2）；ΔV为典型项目应用该减排技术后，分摊到技术寿期内每年的增量投资和运行维护成本之和（元/年），由于很多减排技术的年运行维护成本很低，或者数据难以获取，也可简化为年金化的增量投资；B为典型项目应用该减排技术后，由于能源和其他要素节约而带来的经济效益（元/年）；ERA为典型项目的年温室气体减排量（吨CO_2/年）。

减排成本可正可负。减排成本为负说明实施相应的技术改造后，能够在能源或其他资源的节约方面产生经济效益，在市场条件下实施这样的技术相对容易；减排成本为正则意味着实施技术改造将发生不可回收的新增投资，较难在纯市场条件下得到推广。

以玻璃熔窑余热发电技术为例，说明其减排潜力和减排成本的计算方法。根据《国家重点节能技术推广目录（第一批）》，基年选取2010年，全国平板玻璃产量统计数据为60 331万重箱（P_B），玻璃熔窑余热发电技术推广比例为12%（m）；目标年选取 2015 年，全国平板玻璃预测数据为 65 000 万重箱（P_t），玻璃熔窑余热发电技术推广比例预计为 50%（n）；该技术的单位减排量（$\triangle ER$）为 18 千克 CO_2/重箱；某典型项目技改投资额为 9 500 万元，年运行维护成本可忽略不计，年发电 7 835 万千瓦时，折合减排量（ERA）6.738 万吨 CO_2/年，由于节电而产生的经济效益（B）2 300 万元/年，技术寿期按 10 年考虑。

①计算减排潜力

$\triangle P=m\times P_B-n\times P_T=12\%\times60\,331-50\%\times65\,000=-25260$（万重箱）

$ER=\triangle ER\times\triangle P/1\,000=18\times（-25\,260/1\,000）=-455$（万吨 CO_2）

②计算减排成本 $\triangle V=9\,500/10=950$（万元/年）

$C=（\triangle V-B）/ERA=（950-2\,300）/6.738=-200.36$（元/吨 CO_2）

4.工业减排潜力

应用前面的分析方法，中国工业部门减排潜力分析如下。首先设定参考情景和政策情景。其中，参考情景主要参考发达国家工业部门发展路径，特别是西欧和日本的人均工业能耗、人均钢铁、人均水泥消费与人均 GDP 之间的关系，同时考虑到中国后发优势和节能减排努力，中国工业部门能源消费和排放峰值预计在 2025 年前后。政策情景主要考虑在全球温升控制在 2℃以内的全球目标下，中国工业部门的减排潜力。

（1）工业向低能耗、低排放和高附加值产业转化

钢铁、水泥、化工三大行业的能源消费占工业部门能源消费的比例从 2010 年的 60% 逐渐降低到 2050 年的 38% 左右。其中，能源消费最大的钢铁行业由 2010 年的 33% 左右下降到 2050 年的 18% 左右；化工行业所占比例略有上升，从 2010 年的 11% 增加到 2050 年的 16% 左右；水泥行业下降比例最大，由 2010 年的 15% 下降到 2050 年的 4% 左右。也就是说，水泥行业的能源消耗所占比例在未来将大幅度下降。而其他制造业，也就是低能耗强度、高附加值行业的能源消费比例将逐渐增加，由 2010 年的 17% 左右增加到 2050 年的 33%。因此，工业部门将向低能耗强度和高附加值行业转化。

（2）能源消费结构向低碳化、清洁化转化

参考情景下，工业部门能源消费结构仍将以燃煤消耗为主，但非煤低碳能源比例逐渐增加，从2010年的38%逐渐增加到2050年的48%。因此，即使没有气候政策干预或者温室气体排放限制，能源消费结构也向低碳化、清洁化转化，能源结构趋于多元化。而政策情景下燃煤比例将大幅度下降，从2010年的62%下降到2050年的21%。与此同时，电力比例将大幅度增加，从2010年的15%增加到2050年的42%。另外，与2010年相比，石油比例减少4个百分点，天然气和生物质比例分别增加12个百分点和5个百分点。

（3）工业CO_2减排潜力

工业部门CO_2排放包括三部分，即能源消费排放、过程排放和网电所带来的排放。其中前两项为直接排放，第三项为间接排放。参考情景和替代情景的排放峰值为：2025年，排放量总量分别为84亿吨CO_2和69亿吨CO_2，减排潜力为15亿吨CO_2（能源消费排放、过程排放和网电分别为10亿吨CO_2、2亿吨CO_2和3亿吨CO_2）。到2050年，排放量分别为68亿吨CO_2和23亿吨CO_2，减排潜力为45亿吨CO_2（能源消费排放、过程排放和网电分别为26亿吨CO_2、2亿吨CO_2和17亿吨CO_2），其中2050年网电减排所占比例大幅度提高主要是因为电力部门大量采用低碳发电技术。

（三）建筑行业

根据中国建筑能耗模型（China building energy model，CBEM）对我国建筑能耗现状和逐年发展过程的计算结果，2008年我国建筑总商品能源一次能耗约为5.81亿吨标准煤（不含生物质能），约占当年全国总商品能耗的19.9%。2005—2008年，我国建筑行业CO_2总排放量与强度逐年持续增长，排放总量由10.1亿吨CO_2，增长到12.7亿吨CO_2，年增长率约为7.7%；而单位面积CO_2排放强度由26.3千克CO_2/（平方米·年）增长到29.4千克CO_2/（平方米·年），年增长率约为3.9%。

1.建筑行业能源消费预测方法

根据建筑使用功能的差别，国际上通常将民用建筑划分为住宅建筑（residential）与公共建筑（commercial）两类。考虑到我国存在明显的城乡差异，进一步将我国住宅建筑划分为城镇住宅（urban residential）和农村住宅（rural residential）两个子类。

与建筑相关的能源消耗包括建筑材料生产用能、建筑材料运输用能、房屋建造和维修过程中的用能及建筑使用过程中的建筑运行能耗。本书中的建筑能耗均指民用建筑运行使用过程中消耗的能源，不包括建筑材料生产用能、建筑材料运输用能、房屋建造和维修过程中的用能，即研究民用建筑物内照明、采暖、空调和各类建筑内使用电器的能耗。

考虑到我国南北地区冬季采暖方式的差别、城乡建筑形式和生活方式的差别，以及住宅建筑和公共建筑人员活动及用能设备的差别，将我国的建筑用能分为北方城镇采暖用能、城镇住宅用能（不包括北方地区的采暖）、公共建筑用能（不包括北方地区的采暖）及农村住宅用能四类。

对于我国建筑未来发展及能源消费的预测，主要分为两个部分。一是对于未来分类型建筑面积的预测，二是对于不同类型建筑单位面积能耗水平的预测，最终根据两部分的预测结果，得到分类型建筑的能耗及全国建筑总能耗。具体公式如下：

$$E = \sum_{i=1}^{4} E_i = \sum_{i=1}^{4} \sum_{j} (A_j \times e_j)$$

式中，E 为建筑总能耗；E_i 为分类型建筑能耗，即北方城镇采暖用能、城镇住宅用能（不包括北方地区的采暖）、公共建筑用能（不包括北方地区的采暖）及农村住宅用能四类；A_j 为第 i 类建筑中第 j 个子类的建筑面积；e_j 为第 i 类建筑中第 j 个子类的建筑的单位面积能耗。

（1）分类型建筑面积的预测模型框架

在设定城镇人均住宅面积、城市化率、人口、人均建筑面积及农村人均住宅面积的发展预期或目标数据基础上，参考历史数据进行数据非线性拟合，得到未来的发展数据。用拟合结果进一步核算得到城镇住宅面积、农村建筑面积、公共建筑面积及总建筑面积。最后，通过总建筑面积及公共建筑的最大建筑面积及发展趋势进行数据校验。

（2）单位面积能耗水平预测模型

单位面积能耗水平预测通常分为北方集中供暖、城镇住宅（除集中供暖）能耗、农村住宅建筑能耗、公共建筑能耗四种类型。本节对最为典型的前两种类型进行介绍。

根据历史数据变化趋势，设定的输入参数包括北方集中采暖面积占城镇面积的比例、热电联产面积占比年提高率、热电联产效率年下降率、锅炉集中供热效率年下降率和分散供热效率年下降率，得到未来的发展数据。根据模型框架可以最终得到北方集中供暖能耗及北方集中供暖单位面积能耗数据。最后，通过北方集中供暖建筑面积及北方集中供暖单位面积能耗的发展趋势进行数据校验。

在设定城镇居民在空调、家电、照明、生活热水及炊事五个方面的单位面积能耗及全国平均火电发电煤耗的发展预期或目标数据基础上，参考历史数据进行数据非线性拟合，得到未来的发展数据。用拟合结果进一步核算得到城镇住宅（除集中供暖）单位面积能耗数据及城镇住宅（除集中供暖）总能耗。最后，通过城镇住宅（除集中供暖）单位面积能耗的发展趋势进行数据校验。

2. 建筑行业关键节能减排技术

建筑节能减排技术应以不影响人们感觉舒适度为前提，包含采暖、空调、通风、照明、电器等多个领域。总的来说，建筑节能主要涉及三个方面，即提高围护结构的保温隔热性能、提高建筑供热制冷系统及建筑设备能效和开发利用可再生能源。

建筑物的围护结构对建筑能耗有很大的影响，通过改善相关部件的热工作能，提高围护结构的保温隔热性能，在夏季可减少室外热量传入室内，在冬季可减少室内热量的流失，从而达到减少能耗的目的。建筑物的围护结构一般包括墙体、门窗。各部位散热热损失比例为墙体占60%～70%、门占20%～30%、屋面约占10%。具体可包括外墙保温隔热技术、门窗节能技术、屋面节能技术和地面、楼板及楼梯间隔墙技术、建筑遮阳技术等。我国的建筑维护结构，与气候相近的发达国家相比，其保温隔热性能相差很大，其中外墙差4~5倍，屋面差2.5~5.5倍，门窗的空气渗透量差3~6倍，总耗能是发达国家的3~4倍。因此，必须提高我国的建筑围护结构热工性能，加强保温隔热，提高气密性。

实现建筑物的整体使用功能，并维护室内空间的环境质量，保证必需的舒适性，都要消耗一定的能源，如在冬季开启制热设备以提高室内的温度，在夏季开启制冷设备以降低室内的温度，照明设备、通风系统、电梯和各种电器（冰箱、洗衣机、电视机等）的使用等。因此，降低建筑物的采暖、制冷、照明和其他设备的能耗是建筑节能的重要组成部分。首先，应尽可能地使用节能产品，提高单个设备的能源使用效率，如使用发光二极管（light emitting diode，LED）、安装变频空调等；其次，对于供热、供冷的管道，应包敷保温材料，以减少传输过程中的损失；最后，引入智能系统对建筑物的能耗进行监控，科学计算供应和消耗情况，有效控制各种设备的运行，最大限度地节约能源。发达国家热水采暖均为双管系统，设有多种变流量制动调节控制设备及热量计量仪表，用户可按需要设定室温；而我国基本上为单管系统，无调控设备，也无法计量，在同一采暖系统室内温度忽高忽低。

有效利用非化石能源是在节能基础上大幅度降低CO_2排放的最有效措施，因此，还应利用先进的技术手段，因地制宜地开发太阳能、风能、水力、地热等可再生能源，尽可能地减少建筑物的总能耗。具体技术包括自然光导技术、遮阳技术、太阳能光热利用技术（太阳能热水、太阳房、太阳灶、太阳能采暖、空调、制冷等）、太阳能光伏利用技术（太阳能电池、太阳能光伏发电系统等）、风力发电技术、自然通风技术、空气源热泵技术、夜间空冷采集技术、地表水（土壤源、地下水、海水源）热泵技术、地道风技术、生物质发电、沼气、燃池供暖等。其中，我国具有丰富的太阳能资源，在国家发展可再生能源战略方针的指引下，太阳能在我国建筑中的应用将成为建筑节能的重要组成部分。

除此之外，发达国家旧房改造早已结束，并已取得实效，舒适程度也有所提高，而我国目前只有一部分试点建筑，还有较大的改造空间。

3.建筑行业减排成本案例

在技术减排层面，最为典型的为麦肯锡于2009年建立的减排潜力—成本曲线方法，该方法在直观给出各种技术减排潜力的同时，也给出了相应技术的减排成本，其基本步骤分为：①确定各减排技术的现有普及率及减排效率、成本、基本推动和制约因素；②对各项技术的普及率和减排效率的提升路径进行预测；③测算每项减排技术在技术意义上的减排潜力。

在上述建筑部门减排技术中，最为有效的减排途径包括选用高能效燃料、提高家电能效、提高节能建筑标准及提高发电效率。其中涉及的减排技术包括提高建筑围护结构能效，提高通风、供暖和空调系统效率，使用节能型照明等多个方面。本节以LED取代效率较低的照明设备（即普通白炽灯）为例，介绍建筑相关技术的减排成本核算方法。

目前照明主要依靠LED、紧凑型荧光灯（compact fluorescent lamps，CFL）及普通白炽灯三种类型，表5-4给出了城镇照明目前及未来可能的照明需求，以及三种灯具目前及未来的可能普及率。

表5-4　　　　　　　　　　　城镇照明需求的基本参数

年份	照明（千瓦时/平方米）	城镇人口（万人）	城镇人均建筑面积（平方米/人）	LED普及率（%）	CFL普及率（%）
2010	6.10	66 978	21.50	0.5	48
2030	6.74	93 750	34.02	30	48
2050	10	101 945	40	50	30

以2030年为例，2030年LED等替代白炽灯的减排成本核算方法如下。

2030年照明实际总耗电量（亿千瓦时）等于预测的2030年单位平方米照明耗电率乘以相应城镇居住面积；城镇居住面积等于城镇人口乘以城镇人均居住面积。

$$E_{2030} = e_{2030} \times \frac{A_{2030}}{10\ 000} = e_{2030} \times \frac{P_{2030} \times a_{2030}}{10\ 000}$$

式中，e 为单位平方米照明耗电率，单位为千瓦时/平方米；A 为城镇居住面积，单位为万平方米；P 为城镇人口，单位为万人；a 为城镇人均居住面积，单位为平方米/人。

对于 2030 年基准情景，其合计相当于普通白炽灯的总瓦数，与 2030 年预测的合计相当于普通白炽灯的总瓦数相同，且三类灯具的普及率与 2010 年相同。合计相当于普通白炽灯的总瓦数等于各自的普及率乘以总的灯具实际照明总瓦数，再乘以各自相当于几倍普通白炽灯的照明效率。即

$$WP_{2030}^0 = WP_{2030}$$

$$\sum_{i=1}^{3} \left(W_{2030}^0 \times j_{2010}^i \times a^i \right) = \sum_{i=1}^{3} \left(W_{2030} \times j_{2010}^i \times a^i \right)$$

两种情景下，灯具照明总瓦数均等于照明总耗电量再除以年照明时间。

$$W_{2030} = \frac{E_{2030}}{H} \times 1\,000$$

式中，WP 为合计相当于普通白炽灯的总瓦数，单位为万千瓦；W 为灯具总瓦数，单位为万千瓦；j 为某类灯具的普及率，单位为%；a 为相当于几倍普通白炽灯的照明效率，无量纲；i 为三类照明设备，即 LED、CFL 及普通白炽灯；H 为年照明时间，单位为小时。

表 5-5 给出了三类灯具的基本参数，根据上述方法和数据计算得到 2030 年基准情景及预测情景的分类型灯具瓦数及总耗电量，如表 5-6 所示。

表5-5   三类灯具的基本参数

参数	单位	LED	CFL	白炽灯
电灯价格——2010年	元/千瓦时	8	1.5	0.2
使用寿命	1 000小时	60	10	1
电灯价格——2030年	元/千瓦时	4	0.75	0.1
照明效率	几倍于普通白炽灯	4	2.5	1
年照明时间	小时	4 380	4 380	4 380

表5-6　　　　　2030年基准情景及预测情景的分类型灯具瓦数及总耗电量

年份	实际总瓦数 （万千瓦）	LED （万千瓦）	CFL （万千瓦）	白炽灯 （万千瓦）	相当于普通白 炽灯总瓦数 （万千瓦）	总耗电量 （万千瓦）
2010	2 005.5	10.0	962.6	1 032.8	3 489.6	878.4
2030（预测）	4 907.3	1 472.2	2 355.5	1 079.6	14 329.3	2 149.4
2030（基准）	8 235.3	41.2	3 952.9	4 241.2	14 329.3	3 607.04

两种情景均可采用以下公式进一步核算相应照明需求的投资，即

$$V_{2030} = \sum_{i=1}^{3} (W_{2030}^i \times p_{2030}^i \times \frac{H}{1\,000})/(L/10)$$

式中，V 为满足照明要求购买灯泡所需要的费用，单位为亿元；W 为灯具总瓦数，单位为万千瓦；p 为某类技术的价格，单位为元/瓦；H 为年照明时间，单位为小时；L 为某类灯具的使用寿命，单位为 1 000 小时。具体参数如表5-6所示。

LED灯具替代白炽灯的减排成本的核算公式为

$$Cost_{LED} = \frac{V_{2030} - V_{2030}^0 - (E_{2030}^0 - E_{2030}) \times pe}{(E_{2030}^0 - E_{2030}) \times \theta/1\,000}$$

式中，$Cost_{LED}$ 为LED灯具替代普通白炽灯的减排成本，单位为元/吨 CO_2；V 为满足照明要求购买灯泡所需要的费用，单位为亿元；E 为在满足需求情况下需要消耗的总电力，单位为亿千瓦时；pe 为电费，单位为元/千瓦时，这里价格取值为0.5元/千瓦时；θ 为每千瓦时电力相应的 CO_2 排放，单位为千克 CO_2/千瓦时，在这里取值按照1千瓦时消耗330千克标准煤及每千克标准煤的碳排放因子为2.66千克 CO_2/千克标准煤估算；上标0为基准情景，即2030年保持2010年各类灯具普及率的情景；不带上标的为实际预测情景，即2030年LED灯具取代了一部分普通白炽灯的情景。

最终核算结果为：2030年在城镇住宅中，用LED灯具取代部分白炽灯节约1 458亿千瓦时电，减排潜力为1.27亿吨 CO_2，相应成本为878亿元，相应减排成本

为691.4元/吨 CO_2。从这个数据结果来看，随着LED灯具成本降低及应用性加强，大规模应用LED灯具替代白炽灯具有良好的环境效益和经济效益。

4.建筑行业减排潜力—成本曲线

清华大学开展相关研究，考察了建筑领域内34项节能减排技术的减碳成本，其中4个领域中至2020年累计减排能力最大的技术措施分别为新建住宅实施"65%节能标准"、新建公共建筑白炽灯淘汰、高效冰箱和农村户用沼气池。其中18项为减排成本为负的技术，且基本在建筑领域得到了广泛应用。由于这些技术得到了有力的政策支持，多数技术已经在"十一五"期间得到了规模化推广，并将在"十二五"及"十三五"期间继续发挥重要的节能减排作用；部分技术在"十二五"初期刚刚进行尝试（如新建建筑的白炽灯淘汰路线图、利用工业余热供暖、高效平板电视能效等级评定等），预计将在未来10年取得重要的节能减排效果。同时可以发现，有5项技术在2015—2020年的减排成本由正变负，累计节能量的积极效应逐渐超过投资增量，因此，这5项技术在2016—2020年要特别关注。

需要特别说明的是，减排成本的计算强烈依赖各项技术推广面积或推广量、节能率和投资费用，部分技术若保持现行政策的外推趋势，推广面积较小，节能收益并不显著，减排成本为正，但其节能潜力空间仍然较大，如既有公共建筑围护结构改造；而部分技术由于现行具体工程价格较高，投资增量计算取值较大，减排成本为正，如公共建筑被动式设计，但如果采用更为合理的被动式设计方案，投资增量可能大大降低甚至为零，那么此项技术的减排成本为负，也是2015—2020年值得重点推广的技术之一。

（四）交通行业

交通行业是重要的用能行业，其与工业和建筑行业一起构成当今最主要的用能部门。发达国家在实现了工业化阶段之后，工业用能和建筑用能基本上都已经达到了峰值，并开始呈回落状态，但其交通部门的用能总量仍然持续增长。

改革开放以来的三十多年是我国经济的飞速发展时期，我国的交通行业也经历了跨越式的发展，基础设施建设、交通服务需求及交通能源消费均迅猛增长。我国的公路、铁路和民航通行线路里程，分别从1980年的88.33万千米、4.99万千米和19.53万千米，增长到2010年的400万千米、9.1万千米和276万千米。客、货运周转总量也分别从1980年的2 281亿人千米和11 517亿吨千米，增长到2010年的62 290亿人千米和162 690亿吨千米。按照国际通用统计口径，我国交通部门燃料消费量从1980年的0.25亿吨标准油，增长到2010年的1.9亿吨标准油，年增长速度达7%。

1.交通行业方法学概述

研究交通部门用能的方法学有很多种，从研究问题的分析角度可分为三类，分别是自底向上法（bottom up）、自上而下法（top down）和混合法（hybrid）。该三类方法研究交通能源问题各有侧重，特点不一。

自底向上法是能源系统研究的一类常用方法。该方法是从能源的开采端到使用终端构建能源系统的平衡关系，通过刻画各类能源在整个能源系统中的开发、运输、转换及终端利用等环节中的技术路径，运用线性或者非线性的数学方法构建能源系统内部各变量间的平衡关系。通过模型求解，可以得出特定目标函数下的各类交通技术的占比情况。

在这样的能源系统中，将交通部门的各类技术细节进行刻画，以此构建起来的模型被称为自底向上的交通系统模型。比较典型的模型系统如下：Marsh等基于MARKAL模型研究英国减排CO_2背景下交通部门的技术替代和成本影响，Azar等基于GET模型研究在全球CO_2排放约束下交通部门燃料替代情况，以及Gallachoir等基于TIMES模型研究爱尔兰减排CO_2背景下交通部门的发展情况。

自上而下法常用来研究某一区域的经济体内资金流、物质流及能源流的均衡问题，其代表的方法是可计算一般均衡模型方法。与自底向上法不同，自上而下法通过研究物品或者服务之间的替代效应从而建立起所研究经济体内的资金、物质和能量流之间的平衡关系。

比较有代表的利用自上而下法研究交通部门的模型如下：Gitiaux等基于EPPA

模型研究生物燃料指令对欧洲道路车队构成的影响评估，Karplus 等基于 EPPA 模型研究插电式混合动力汽车在美国和日本的减排贡献及商业潜力。

在具体的交通部门研究中，尤其是在交通服务方面，一方面要考虑能源系统的供给和需求的静态平衡及动态平衡，另一方面也要考虑不同交通服务之间的替代效应，同时也不能忽视消费者在有多种交通服务时根据自身特点（收入及消费水平）选择具有自身偏好的交通出行方式。综合以上交通部门服务的多个层面，混合型交通模型系统得到了发展。其中包括：Schafer 和 Jacoby 基于 MARKAL-EPPA 模型研究美国 CO_2 政策对其交通部门的影响，Kyle 和 Kim 基于 GCAM 模型探索世界上 14 个区域轻型车的 CO_2 减排潜力。

2.交通行业减排评价模型和方法

清华大学能源环境经济研究所自主开发了中国交通能源、排放与政策分析模型（transportation energy emissions and policy analysis，TEEPA）。该模型模拟了公路、铁路、民航、水运、管道 5 大交通模式的发展演变，包含了 9 大类动力技术，8 类客运交通运载工具和 6 类货运交通运载工具，12 类燃料供应路线，共计 127 个分地域、分模式、分燃料动力的技术子类。对交通行业节能减排的政策研究，建立了 5 个组合政策情景，共计 17 项行业节能减排政策。

TEEPA 模型结合了中国的城市和农村人口的出行特征，以及中国当前交通技术的实际情况，以 2010 年为基准年，5 年为步长，预测到 2050 年中国交通部门的服务需求，交通结构构成，各类交通运输方式保有量、交通用能及 CO_2 排放情况。模型框架和方法详述如下。

（1）交通分类

在 TEEPA 模型中，共分为三个层次。第一层次包括城市短途客运、农村短途客运、城际长途客运和货运。第二次层次是在第一层次的基础上，进一步细分支持第一层次的各种交通运输方式，主要包括汽车客车、大车、飞机、轮船、三轮车、农用车、载货货车等。第三层次是在第二层次的基础上，进一步细化各种交通运输方式的动力技术（动力技术对应燃料术），对应的主要燃料包括汽油、柴油、煤油、生物柴油、液氢、煤基甲醇、电力等。

（2）模型构成

TEEPA 模型主要包含 6 个重要的模块，即基础数据库模块、广义交通成本模块、交通需求预测模块、离散选择模块、保有量模块和输出模块。基础数据库模块主要包括 3 个子模块，分别为宏观经济及人口模块、交通工具及交通技术模块、燃料及燃料技术模块。其中宏观经济及人口模块包含的宏观经济参数有 GDP、人口、城市化率、区域居民平均收入、区域家庭平均人口等。交通工具及交通技术模块中，基于对各类交通技术的把握和判断，包含了每一种交通技术的购置成本、维护成本、平均承载情况、平均使用寿命、平均年行驶里程情况等。燃料及燃料技术模块中，根据交通工具及其消耗燃料的特性，包含 12 种燃料，核算每种燃料的成本，以及每种交通技术的燃料经济性等。

广义交通成本模块用于核算交通成本。TEEPA 模型中引入交通成本这一物理量，用来描述单位交通服务的成本（费用），以刻画"理性人"在若干种交通出行方式中选择交通出行方式的特点。交通成本共由三部分组成，分别为广义交通固定成本、广义交通燃料成本和广义交通时间成本（对于货运而言，不包含交通时间成本）。其中，广义交通成本主要由交通工具的购置成本（含各种税费）和维护成本组成，单位是元/人千米（货运为元/吨千米），其物理含义为交通工具全生命周期下完成单位交通服务需求所需要支付的固定成本。广义交通燃料成本主要是指单位交通服务所消耗的燃料对应的成本，单位是元/人千米（货运为元/吨千米）。广义交通时间成本是指客运服务中乘坐交通工具所消耗时间对应的机会成本，TEEPA 模型中单位时间的机会成本用区域居民的平均工资收入来刻画，单位是元/人千米（货运不考虑时间成本）。

根据广义交通成本的组成情况，广义交通成本的核算过程可用如下计算公式。

对于客运：

$GTC_{T,r} = \alpha \times GTFC_{T,r} + \beta \times GTEC_{T,r} + \gamma \times GTTC_{T,r}$

对于货运：

$$GTC_{T,r}=a \times GTFC_{T,r}+\beta \times GTEC_{T,r}$$

式中，α、β 和 γ 为系数；r 为区域；T 为时间；GTC 为交通成本；GTFC 为交通固定成本；GTEC 为广义交通燃料成本；GTTC 为广义交通时间成本。

交通需求预测模块中主要将人口、居民平均收入和交通成本作为客运服务需求的驱动因素，将区域地区生产总值水平和广义交通成本作为货运服务需求的驱动因素，其驱动关系如下所示。

$$D_{-psg_{T,r}} = \alpha \times POP_{T,r}^{E\_POP} \times Income_{T,r}^{E\_In} \times GTC_{T,r}^{E\_GTC}$$

$$D_{fr_{T,r}} = \alpha \times GDP_{T,r}^{E\_GDP} \times GTC_{T,r}^{E\_GTC}$$

式中，r 为区域；T 为时间；D_{-psg} 为客运交通服务需求；D_{fr} 为货运交通服务需求；POP 为人口；Income 为居民收入；GDP 为国内生产总值；GTC 为交通成本；α 为系数；E_POP 为人口弹性；E_In 为收入弹性；E_GTC 为广义交通成本弹性；E_GDP 为国内生产总值弹性。

离散选择模块运用离散选择的方法刻画"理性人"在多种交通运输方式中进行合理选择的过程，"理性人"以广义交通成本作为出行方式"选择"的参变量，通过以下公式计算出不同交通出行方式的概率情况。

$$Share_{T,r,j} = \frac{\alpha_j \times GTC_{T,r,j}^{-\delta}}{\sum_{j}^{n} \alpha_j \times GTC_{T,r,j}^{-\delta}}$$

式中，T 为时间；r 为区域；j 为交通技术；n 为交通技术 j 的总数；α 为技术的市场权重因子；GTC 为广义交通成本；δ 为价格敏感性系数。

在 TEEPA 模型交通结构划分的三层结构中，第二层不同交通工具种类和第三层不同交通技术种类之间都可以运用离散选择方法来刻画理性人在交通出行方式上的选择过程。

保有量模块中，在计算各种交通技术未来年份期望保有量之后，根据各类交通工具的存活规律和特性，本模块详细推导出未来各年份每种交通工具新购置的数量，其计算方法如下所示。

$$\text{New\_buy}_{T, r, j} = \text{Desire\_Stock}_{T, r, j} - \sum_{t=1}^{T-1} \alpha_j \times \text{Stock}_{T, r, j}$$

式中，T 为时间；r 为区域；j 为交通技术；New_buy 为新购置的交通工具；Desire_Stock 为完成交通服务量期望的交通工具量；Stock 为各年份交通工具保有量；α 为存活率。

输出模块主要是将整个模型的计算结果按需求进行输出，其中包括未来年份的交通结构、交通工具保有量情况、各种燃料消耗情况，以及根据燃料的 CO_2 排放因子核算的 CO_2 排放情况等。

3.交通行业减排评价案例

（1）设定未来发展情景

情景分析方法是能源系统分析模型中广泛应用的方法。它可以对未来发展的社会、经济、环境、技术等因素的耦合机制进行集成的综合性模拟分析，从而研究和判断各种政策、技术进步等对未来的能源系统产生的作用和影响。通过情景分析方法，重点考察政策作用对交通需求及结构的影响，以及如何发展交通技术和替代能源才能满足不断增长的交通需求，并实现节能减排的目的。

参考情景认为，交通行业的技术不会在中短期内发生重大的突破，政府对于交通能源没有提出明确的目标，不引入新的激励或限制性政策影响交通技术和模式的发展趋势，求解未来交通行业在自然进步率和开放式的竞争环境下的能源消费和排放的远景。考察中国未来的交通需求如何增长、能源和排放的趋势，以及新能源交通技术在未来的作用。

从交通能源消费和排放的影响因素角度出发，可将交通行业节能减排政策分为车辆保有量控制政策、活动水平控制政策、燃油经济性和排放水平控制政策三类。从政策属性的角度，又将交通行业节能减排的政策细分为五大类，分别为交通运载工具技术标准、财税经济政策、交通管理规制、教育及信息化政策、土地利用和基础设施。

在参考情景的基础上，按照政策作用的对象和机理，将有关交通政策分为燃料及排放政策情景、新能源车辆技术激励情景、交通模式转变情景、需求抑制政策情景，以及上述四情景政策的综合政策情景。

（2）参考情景主要结果

在参考情景下，客货交通需求均出现了迅速的增长。全国交通的模式结构，仍然是道路交通占未来的主导地位，乘用车和货车均占据了客运和货运的40%以上。城市公交的发展日益萎缩，但城市轨道为公共交通带来新的希望。航空业以其运输过载优势迅速增长，亦使城际交通能源强度大幅上升。铁路货运和客运勉强维持了基础年份的份额。

在车辆方面，道路机动车数量激增，总量达到了5亿辆，乘用车千人保有率达到了380辆，居民机动化出行水平提高了近3倍，为城市环境和城市交通拥堵带来了巨大的压力。而车辆的技术结构，以混合动力和插电式混合动力作为替代技术主体，其他技术发展相对缓慢。

全国交通2050年的能源消费需求高达7亿吨标油，由交通部门产生的直接碳排放达到19亿吨CO_2当量，全生命周期排放更高达30亿吨CO_2当量。

（3）政策情景主要结果

以燃料经济性和碳税为主导的燃料及排放政策情景，实现了节能19%，减排22%，是除综合政策情景外，交通节能减排政策效果最为显著的情景。该情景实现了大幅度的需求增长抑制和交通能源的结构优化，并通过价格机制迫使交通模式和交通技术向低碳化的方向转变，使乘用车保有量得到了较好的控制，差异化的燃料税使交通技术全面推进了电气化的发展，使交通服务能耗较低的铁路交通得到了良好的发展，对客货运的节能减排发挥了重要作用。

以先进车辆技术补贴和提高燃料经济性为主导的新能源车辆技术激励情景，可以较早地实现对交通能源技术的更新换代，得益于燃料经济性的提高和技术替代，实现了交通节能17%和减排14%。但是由于车辆技术补贴刺激了乘用车的保有量增长，乘用车模式的活动水平上升了11%，导致城市公共交通的出行模式比例受到了挤占。新能源车辆技术的补贴机制，使机动车的能源效率得到提高并实现技术的加速更新换代，但是交通模式的结构没有得到改善，在模式结构节能方面起到了负面的作用。

以公交优先和发展轨道交通政策为主导的交通模式转变情景，对客货交通需求的影响较小，实现了在满足需求的前提下对客货交通模式的结构性优化，实现了节能10%和减排10%的政策实效。该情景对城市交通结构进行了优化，使乘用车模式向公共交通模式转变，非机动车模式出行比例提高了26%，且对城市拥堵起到了积极的缓解作用。货运方面，通过加大铁路基础设施建设投入、提高铁路运力并维持低价运行，进一步提高了铁路的模式比例，对货运部门做出了积极的贡献。

以发展非机动出行、电子商务、城市土地利用为主导的需求抑制政策情景，实现了对客运交通的需求抑制，降低了客运交通相关的能源消费，对改变生活模式、改善城市交通拥堵有积极意义。但是由于其刺激物流行业的增长，而导致了货运部门的能源消费和排放上升，局部抵消了客运节能的效果。全国交通的总体能源消费水平和排放改善并不明显。

在前四个情景多项政策的耦合作用下，综合政策情景取得了交通需求最低、交通结构最优、能源消费和排放最低的良好政策实效。相对于参考情景，实现节能36%，CO_2减排44%，能源替代超过40%。能源需求总量4.6亿吨标准油，汽柴油控制在2.4亿吨左右，大幅降低了石油的对外依存度。

（4）情景之间比较分析

综合政策情景与基准情景相比较，主要包含以下三个层面：①调控需求。通过财税经济政策和宣传教育等手段措施来降低交通中的客运或货运的需求，使交通出行需求减少。②调整交通结构。通过财政手段，鼓励和支持低耗能、公共交通的发展，将更多的交通出行转移到低耗能交通和公共交通上来，更加鼓励非机动出行。③优化燃料结构。鼓励交通能源结构向可再生能源和清洁能源转型，鼓励电动汽车、混合动力汽车等技术的推广和应用。

在综合政策措施的作用下，到2050年，中国客运交通需求有望比基准情景需求降低17%，乘用车在客运出行中的比例也有可能比基准情景下降35%；货运交通需求也有望比基准情景降低14%，道路交通中的卡车也有望比基准情景下降34%。车辆保有量方面，在综合政策情景下有可能保持在3.20亿辆的水平。在CO_2排放方面，综合政策情景有望比基准情景实现减排44%，达到11亿吨CO_2的水平。

三、企业双碳研究方法学

（一）简介

科学碳目标行动（SBTi）任务的核心在于确保企业拥有与气候科学相一致的制定目标所需工具，同时也要认识到科学本身的微妙和动态性。由于科学本身的复杂性，SBTi在开展深入研究和分析，以及咨询科学技术和可持续发展专业人士，以制定透明、稳健和可操作的科学目标（SBT）方面发挥着重要作用。

本节描述了SBTi制定符合科学的目标设定方法的框架，并用于评估与这些方法相关的排放场景。本着透明的精神和实现共享SBTi方法完整描述的价值，本节涵盖了大量的细节分析，并规定了SBTi认证的方法学如何体现在多样化的研究中[10][15]。

（二）背景

1.目标设定方法

SBTi所认证的方法为指导性的框架，可被公司用于设定符合气候科学最佳可行性的减排目标。这些方法的主要构成元素有三个：温室气体（GHG）预算、一组排放情景和一个分配方法。制定该方法的SBTi程序的第一步，是确定一组被认为可信、负责、客观、一致并与特定的温度目标（全球变暖1.5℃或WB-2℃情景）相协调的有代表性的排放情景。一般来说，除了要满足其他标准外，在达到全球净零排放之前，SBTi的情景不得超过与温度目标相关的温室气体预算。分配方法则用于将由此产生的全球或特定行业排放路径转化为与公司排放路径相一致的实际要求。

2.温室气体预算

温室气体预算指在将温升限制在一个特定值范围内时，对一段时间内累计排放的 CO_2、甲烷和其他《京都议定书》中规定的温室气体数量的估计。尽管从表面看来很简单，但预算的计算对气候敏感性和温度结果可能性的假设具有高度敏感性。就目标制定而言，温室气体预算的选择相对于排放情景本身而言是次要的，后者提供了诸如随时间推移的减缓速率等更具相关性的信息；然而这两个因素也是密切相关的，因为大多数排放情景都直接或间接依赖于温室气体预算。SBTi因此将温室气体预算的概念纳入了针对不同排放情景和分配方法的评估标准。

3.排放情景

虽然我们无法预测未来温室气体何时排放或排放到何种程度，但这些情景为我们提供了深入了解在各种社会经济和政治条件下如何在实现减排的同时节约温室气体净预算的视角。在某些情景下，累计排放超过了预算，则必须在2100年之前进行更大幅度的减少，才能达到预期的温度目标（排放或温度超标）。

SBTi情景主要来自综合评估模型联盟（IAMC）和国际能源署（IEA）。IAMC汇集了400多条经过同行评议的排放路径，由《政府间气候变化专门委员会（IPCC）关于全球变暖1.5℃特别报告》（SR15）的作者汇编和评估；IEA则会定期发布自己的情景，这些情景因对人口、政策情景和经济增长的假设而异，此外还包括技术进步及其成本效益，以及温度结果。为反映5种不同的共享社会经济路径（SSP），许多新的情景被开发出来，代表了与实现可持续发展目标相关的多种假设，例如未来对化石燃料的依赖程度以及全球的协调程度。以下章节可以看到关于情景的更详细讨论。

4.分配方法

分配方法指在给定的排放情景下碳预算在具有相同分解水平（例如一个地区、一个部门或全球间）的公司之间的分配方法。本手册中引用的SBT设定方法使用两种主要的方法在公司层面分配排放量。

（1）趋同法

根据全球排放路径，某一特定部门的所有公司在未来某一年将其排放强度降低到一个共同值（例如，所有供电公司的排放强度在2050年收敛至最高29克CO_2/千瓦时）。分配给一家公司的减排责任取决于其初始碳排放强度和相对于部门内其他公司的增长速度，以及与全球排放路径相匹配的全行业排放强度。需要注意的是，趋同法只能用于特定部门的排放情景和物理强度指标（例如，吨GHG/吨产品、或KWh/吨产品）。

（2）收缩法

即所有公司无论其最初排放表现如何，都以相同的速率减少其绝对排放或经济排放强度（如每单位增加值温室气体排放），并且不必收敛于一个共同的排放值。收缩法可用于特定部门或全球排放情景。

SBTi支持部门脱碳法（SDA），该方法采用IEA ETP部门预算，用于物理强度目标，绝对收缩法则用于绝对目标。

理论上，收缩法也可以用来确定经济强度目标。每单位增加值温室气体排放法（GEVA法）将碳预算等同于总GDP，而企业的排放份额由其毛利润决定，这是因为从世界范围来看，所有公司的毛利之和就等于全球GDP。然而，该方法的适用性目前仅限于范围3排放目标的建模，这是因为在目前的建模过程中，它可能无法将全球排放限定在指定的预算范围内。

5.构建SBTi的方法

这三个要素在概念层面的关系很简单，但在实践中却很复杂。每个要素都与不同的假设和不确定性相关联，并且随温度目标的变化而变化，需要综合考虑。例如，由于非瞬时地球系统反馈的影响和不确定性增加（如永冻层碳释放），远低于2℃（WB-2℃）温室气体预算与长期变暖的相关性就要小于1.5℃的温室气体预算，而这些影响和不确定性的增加却没有反映在瞬态气候对排放的响应中。此外，分配方法的效度很大程度依赖于排放路径的设置：WB-2℃情景能更好表示线性减排至净零的情况，而1.5℃情景由于剩余的排放预算较小，必须更精确地模拟，这就要求 2020—2030 年期间更迅速地减排。这些注意事项体现在本书各处的数据和对比中。

6.专栏 1：理解这些情景

（1）何谓情景

情景用来描述一个假设的未来和通往那个未来的途径。这些未来是为了识别隐藏风险和机遇，测试潜在结果的影响，并制定策略，建立弹性和决策框架而创建的。情景通常被误解为预测。而事实上，情景的概念却是明确基于未来无法被预测这一前提下的。因此被称为情景分析的方法的一个关键层面就在于它用来评估各种各样的未来抉择，包括理想的和不理想的。读者可直接阅读金融稳定委员会气候相关财务披露专责小组（TCFD）关于情景分析的补充技术文件，以便更深层次探讨这一主题。

（2）情景如何与 SBTi 设置相关联

采用 SBTi 设置情景被认为是更广泛的情景分析方法的一部分，该方法使得企业能够为政治/经济不确定性做好准备，符合《巴黎协定》并避免气候变化中破坏性影响最大的伦理责任。总而言之，全球碳排放必须减至净零，而情景则阐释了为实现这一目标，企业可做出什么样的贡献。

（3）情景特征

虽然情景分析接受针对任何温度目标的无限量可能的情景，但 SBTi 设置的特定目的缩小了可能情景的可用范围。主要原因有：

一是 SBTi 必须限制情景以确定关键基准和最小目标。因此，应该优先考虑那些被认为最有可能发生的情况。例如，一家公司可能希望使用一个特定的情景来测试特征为后果严重但发生概率低的风险。虽然这个情景作为涉及其他情景的综合情景分析的一部分很有用，但它用作 SBTi 情景只能算次优。

二是 SBTi 旨在尽可能公正和客观地验证目标。虽然接受一个情景不是一种预测，因此未来可能由不止一个情景代表，但从一揽子情景中进行选择的自由开启了挑选最优情景的可能性。例如，假设某一部门的一个减排较低的情景由于挑战较小被该部门的一个组织选择。客观的观点则是，应优先考虑可最小化气候风险的负责人的方案，而不管这一情景是否对该组织更有利。

根据这些区别，理想的SBT情景可被定义为最大限度发挥合理性和责任特征的情景。这些核心特征体现了一些具体的品质，并可通过许多指标进行量化，其中一些指标总结如下：

合理性：可信情景即为基于可信叙述的情景。情景的可信程度与其被实现的概率有关，即信度较高的情景可能被认为是相对最容易发生的。这一情景可能不是所有未来情景中最有可能发生的。相反，它却是最有可能实现将升温控制在1.5℃或远低于2℃的目标的情景。

一致性：一个可信的情景至少是一致的。如果一个情景具有强大的内在逻辑，并且不是建立在没有逻辑解释就完全推翻当前趋势和立场的假设或参数上，那么这个情景就是一致的。可以采用统计方法来评估情景的可信性。例如，可以从满足既定标准的样本情景中计算其中值和取值范围。IPCC第五次评估报告采用了这种方法，随后也被联合国采用，将情景排放预算范围与温度限制相对应。这一类型的分析可以通过从更广泛的数据池中提取和分析其他重要指标来进一步确定离群假设。

负责：一个负责任的情景是基于最大限度减少无法达成《巴黎协定》风险为前提的。负责任的情景也是客观的，因为它们不知道对组织来说什么是更可取的。风险可以通过避免对未来特定发展的依赖和采取组合方法来分散。不拖延行动也可以做好应对并减缓风险的准备。

7.专栏2：确定有用的温室气体预算

最常用的排放预算是对排放的瞬时气候响应（TCRE），它估计了对累计排放的瞬时全球温度响应。人们使用了几种方法来估算TCRE，这些方法基于单CO_2、多种气体、气溶胶实验以及对历史变暖的观察，得出了不同复杂程度的地球系统模型。这些估算结果彼此之间差异很大，但已被IPCC汇总并为每一级的变暖分配了概率范围。IPCC还包括不同的不确定性，例如对非瞬时地球系统反馈（如永冻土融化，如果评估到2100年）的影响的估计。

SBTi 方法与包含在《京都议定书》中的所有温室气体有关，温度目标根据《巴黎协定》确定，该协定规定了在 2100 年的变暖水平。因此，SBTi 温室气体预算的计算通过将非 CO_2 排放（320GT CO_2e）的近似预估影响加到与变暖水平相关的 TCRE CO_2 预算中，然后减去 100Gt（它反映了非瞬时地球系统反馈的近似影响）。SBTi 采用 1.5℃ 情景下 TCRE 的第 50 百分位，评估为 990Gt CO_2 当量（670Gt CO_2），以及 2℃ 变暖情景下 TCRE 第 66 百分位作为 WB-2℃ 预算，其评估结果为 1 540Gt CO_2 当量（1 220Gt CO_2）。

（三）SBTi 目前所认证的情景和方法

1.绝对收缩法

绝对收缩法是企业设定减排目标时的一种方法，该目标与全球年度减排率保持一致，要求达到 1.5℃ 或远低于 2℃。为确定科学的减排率，SBTi 构建了一个情景包络，并认为具有代表性的目标设定时间跨度（特指 2020—2035 年）内所有的斜率范围都是有效的。最后的情景包络线还表示用于评估其他方法（如 SDA）的基准，该方法要求使用不同的路径[17]。

使用四步选择过程用于确保合并的排放情景符合上述合理性、一致性、负责的原则。

温度极限概率——基于 MAGICC 6（一种降低复杂性的气候模型）的结果，这些情景按照温度阈值和概率进行了分类。根据这些分类，输入场景集由 1.5℃ 和 WB-2℃ 组成。

排放预算：在实现年度净零排放之前，不得超过 TCRE 衍生的适量排放预算。（专栏 2）

排放峰值年：排放必须在 2020 年达到峰值。排放峰值年较早（2010 年或 2015 年）的情景被 SBTi 认为是过时的，而排放峰值年份较晚（2025 年或之后）的情景中，特点为行动延迟，并含蓄地降低了将变暖限制在两个温度目标上的可能性。

质量监测：延迟和近期排放——情景包络中任何描述年度线性减少（2020—

2035年）小于其第20百分位的情景，都将被移除。

（1）步骤1：温度极限概率

IPCC开始在AR5中使用MAGICC6温度极限概率对情景进行分类，并在SR15中继续使用该方法。由IPCC定义的路径类别考虑了到2100年的变暖峰值以及在这之前可能达到的变暖峰值。

由于《巴黎协定》规定，全球平均气温必须保持在工业革命前水平高2℃的水平以下，并力求将升温幅度控制在1.5℃以内，所以这些条款最受关注。尽管远远低于2℃在《巴黎协定》中没有严格的定义，但通常被理解为类似于IPCC的可能性概率术语，即66%的概率将气温上升保持在一定限度（这里指2℃）以下。由于碳收支存在不确定性，相应的温升中值在1.7℃左右。此外，将温升保持在2℃以下意味着升温不能暂时超过2℃，因此峰值升温和2100年升温都将受到限制（例如低于2℃路径）。

为1.5℃设置的输入情景包括：至少有50%的概率在2100年将温升限制在1.5℃内，以及50%的概率将峰值变暖控制在1.5℃。因此，它包含无超调和低超调情景（即路径类别低于1.5℃、低1.5℃低超调和高1.5℃低超调）。

基于温度概率似然对排放路径进行分类是确定情景包络线的重要第一步，同时也是将情景与温度目标相关联所需的最简单分析。它主要关系到一个情景的合理性与一致性：基于温度极限概率的合理性和基于MAGICC评估的一致性。然而，除了同行评议和发表是纳入IAMC情景集的先决条件外，这一步骤并未解决排放路径的基础机制和假设的责任或一致性问题。

（2）步骤2：排放预算

按照Borheson等人提出的类型学，许多将温升限制在1.5℃到WB-2℃的情景可能被归类为规范性（或规定性）转变情景。这些情景回答了这样一个问题：目标如何实现，并通过从未来的状态开始回溯到现在的情景来构建；然而，1.5℃和WB-2℃情景也可能表现出探索性情景的特征，即在最终目标的约束下测试具有挑战性的假设。例如，情景可能探讨在缺乏政策或拖延行动时如何将温升控制在2℃以下。

虽然基于客观性不应移除这些情景，但必须从责任和一致性的角度仔细考虑这些情景。

值得注意的是，一些将温升限制在1.5℃内的情景可能会依赖于有争议的假设来实现排放路径。除去实现《巴黎协定》所面临的挑战，依赖全球每年数十亿吨CO_2持续负排放来弥补近期减排目标也是有问题的。分别考虑特定技术如碳捕捉与封存（CCS）和生物质能源的渗透，是《巴黎协定》实现的重要选项，而在达到净零排放后继续依赖全球负排放则被认为是不负责且是潜在不可信的。它之所以被认为是不负责的原因有很多：对这些技术的过度依赖可能会推迟近期目标，以及避免碳锁定所需的相关系统变革，同时还会高估我们管理全球碳循环流动的能力。此外，对负排放技术潜在博弈失败后，其结果的承担者是我们的后裔和全球范围内的贫困人口，在这样的抉择上缺乏代表性将构成道德伦理上的失败。而由于当前发展和技术可行性预估以及模型中实施规模之间的差异，对负排放技术的依赖可能被认为是不可信的。

尽管如此，我们必须重申，SBTi并没有因为存在负排放技术（NETs）或生物能源和碳捕捉封存（BECCS）渗透就移除那些情景；更恰当的说法是，由于对21世纪下半叶全球负排放的过度依赖，这些情景中的一部分将被移除。步骤2有效地过滤了这些因素，移除了在实现净零排放之前就超过相关TCRE预算的情景。

（3）步骤3：排放峰值年

《巴黎协定》要求排放应尽快达到峰值。由于全球排放量仍在上升，因此这里引入了一个阈值，定义了未来排放达到峰值所需的时间窗口。考虑到SR15数据库中已较早地创建了一些场景，该阈值将移除那些预测峰值出现在过去或早于2020年的情景。对于另一端的阈值，在2025年或之后排放达到峰值的情景也将被移除。

（4）步骤4：质量监测：延迟和近期排放

过滤器是应用于情景包络中检测以行动延迟或不太可能发生的历史及近期排放为特点的排放路径的。描述行动延迟的情景在性质上与2025年或之后达峰的情景类似，尽管没有因为这个确切原因而被过滤掉，但对历史或近期排放估计量较低的情景，由于年度排放起点较低，而非 2020—2035 年期间持续的减排，可能让这种情景通过了排放预算过滤器。

如果所描述的年度线性减排（2020—2035 年）少于情景包络的第 20 百分位，则移除该情景。尽管这些情景有不理想的品质，但可能因为种种原因通过之前的筛选；例如：一些年减排率相对较低的情景可能由于低估了历史和近期预测的排放量而通过排放预算过滤器（步骤 2）。其他在 2020 年就达到峰值的情景（通过步骤 3）在未来 5 到 10 年的减排速度可以忽略不计或相对缓慢，并且依赖于目标设定范围以外的快速减排，这与主情景包络不一致。为确定最小减排速率，去除这些通常以行动延迟或不太可能的短期排放为特征的情景为我们提供了更具代表性的路径样本，这些样本与总体情景包络和 SBTi 原则相一致。

（5）结果

从最初 25 个模型的 177 个情景集中，步骤过滤器产生了包含 20 个情景的 1.5℃包络和包含 28 个情景的 WB-2℃包络。第一步，确定与各自目标一致的温度极限概率的情景，这反映了 IPCC 对自身路径和结果的温度分类，分别为 1.5℃和 WB-2℃下的 53 和 74 个情景输入集。接下来的两步包括：排放预算和排放过滤器的峰值年，通过淘汰在目标设定范围外过于依赖净负排放技术或被认为描述全球排放峰值在 2020 年前已过时的情景，每个情景包络都减少了约 50%。这是一个重要的步骤，因为它们是通过与地理物理（而不是统计）阈值的对比，将情景包络与合理性和责任原则相结合。第四步，也是最后一步，消除了减排量描述在倒数第 20 百分位的情景，这些情景的特点在于行动延迟或低估近期排放量。

（6）探讨

温升限制在 1.5℃以内情景的特点表现为：短期内温室气体迅速大幅减少，这对累计排放的限制至关重要。这反映出剩余的排放预算极其有限，以及实现短期减排的紧迫性，即在达到净零后不依赖大规模 CO_2 移除，将温升限制在 1.5℃内。WB-2℃情景包络的斜率较缓，这是因为达到净零的路径并不受相关温室气体预算的严格限制。然而值得注意的是，当变暖超过 1.5℃并接近 2℃时，与气候反馈相关的不确定性和相应的不可逆气候变化风险会被放大；因此，1.5℃情景可能会被认为是最具鲁棒性的。

1.5℃情景具有高度的路径依赖性，且较长时间内的线性化可导致累计排放量比规定的高30%以上。因此，线性减排率是基于2020—2035年的时间跨度来计算的，这与SBTi评估的科学目标的寿命一致，并将失真降低到了最低。通过逐步过滤后，1.5℃和WB-2℃的每个剩余路径都被认为是有效的，因此与每个温度目标相关的最小缩减率对应于每个包络中某一情景的最小降低率。

2.行业脱碳法

（1）概述

行业脱碳法（SDA）于2015年首次在《自然气候变化》杂志上发表，由CDP、WRI和世界自然基金会（WWF）共同开发，Navigant（前身为Ecofys）提供技术支持。该方法由一组技术顾问、两个公共利益相关者研讨会和一个在线研讨会提供意见，旨在为企业提供一种针对特定部门以及研究支撑的方法来设定其排放目标。SDA采用IEA能源技术展望全球行业情景，包括排放和活动预测，用于计算行业路径强度。

该方法在计算不同部门范围1情景时考虑到了部门间差异和减排潜力。它还包括特定部门的范围2情景，可以更好反映企业温室气体核算实际情况，并且在对应于范围3排放种类的确切活动路径或企业范围3清单的排放源下，该方法可用来设置有效的范围3目标。对于同质化的行业，SDA法也适用于不同的历史行动水平，因为它要求温室气体排放密集型企业以超出行业平均的速度减排；相反，初始排放强度相对较低的公司减排速度可能会更慢。进入相同行业的新公司也会被纳入到预算中。

（2）ETP情景建模

国际能源署（IEA）2017年发布的最新能源技术展望（ETP）报告包括了从2014年到2060年的三种排放情景：参考技术情景（RTS）、2℃情景（2DS）以及超越2℃情景（B2DS）。这些情景通过使用回推和预测分析来开发，目的是确定实现预期结果的经济路径（成本最优框架）。

国际能源署使用的ETP-TIMES供应模型是一种技术丰富的自下而上模型，它将能源供应（能源转换模型）与能源需求最大的三个部门（工业、交通和建筑）联系起来。2017版的ETP考虑了已实施和决定的政策，影响了短期路径（短期路径不被认为是具有成本效益的路径），并考虑了较长时期的规范分析，其与旨在凭借成本效益向低碳能源系统过渡的政治目标相关的限制较少。

（3）专栏3：ETP情景审查

①ETP 2017的其他三个情景：

参考技术情景（RTS）考虑了各国目前限制排放和提高能源效率的承诺，包括在《巴黎协定》中承诺的国家自主贡献目标（NDCs）。考虑到这些承诺和近期趋势，RTS已经代表了一种重大转变，不再是以往那种没有任何有意义的气候政策反馈的商业模式。RTS需要在2060年之前的政策和技术上作出重大改变，并在此之后大幅减少排放。这些努力将使平均温度截至2100年升高2.7℃，且在这时气温不太可能稳定下来，还会继续上升。

2℃情景（2DS）提出了一种能源系统路径和一种CO_2排放轨迹，契合了至少50%的概率到2100年将全球平均温升限制在2℃以内的要求。到2060年，与能源相关的年度CO_2排放相对于现在的水平将下降70%，2015年到2100年累计排放约达到11 700亿吨CO_2（包括工业过程排放）。为保持在这一范围内，燃料燃烧和工业过程的CO_2排放量必须在2060年后继续下降，能源系统的碳中和必须在2100年之前达到。2DS仍然是ETP的核心气候缓解情景，我们应认识到它代表着全球能源部门雄心勃勃且具有挑战性的转型，与今天付出的努力比，它更依赖于大幅加强的应对措施。

超过2℃的情景（B2DS）探讨了现有或正在发轫的技术的部署将在多大程度上让我们超越2DS情景。在整个能源系统中，为在2060年实现净零排放以及在这之后保持低于零排放，同时不需要不可及的技术突破或限制经济增长，技术改进和部署将达到最大的可行极限。这种技术推动方法导致能源部门在2015到2100年间累

计排放约为 750Gt 二氧化碳，这与以 50% 的可能性将未来平均温升上升限制在
1.75℃相一致。通过利用生物能源和 CCS 实现限制的负排放，能源部门的排放在
2060 年左右达到净零排放。B2DS 情景属于《巴黎协定》的目标范围，但并没有明
确规定 2℃以下的具体温度目标。

②SDA 目标设置方法

SDA 由于其部门级方法和物理强度视角不用于现有的其他方法。SDA 旨在帮助
同类型的能源密集行业内的企业（即可以用物理指标描述的行业），包括以下行
业：发电行业（MWh）、钢铁行业（公吨粗钢）、铝行业（公吨铝）、水泥（公吨水
泥）、造纸业（公吨纸质品）、客货运输业（客货运周转量）、服务及商业建筑（平
方米）。

在每个部门内，企业可基于它们对行业整体活动的贡献以及相对于行业碳强度
的自身初始碳强度来得出它们基于科学的减排目标。这种分配方法称为"强度收敛
法"。它基于同质行业中每家公司的碳强度将在 2050 年与该行业的碳强度趋同的假
设。就目前情况而言，该方法不包括某些行业活动（农业、林业及其他土地使用；
油气生产；住宅建筑等）

该方法通过使快速增长的公司的强度路径变陡以同步其市场份额的增加。如果
没有考虑到这一点，行业平均强度将因为这种增长而增加，最终导致行业碳预算超
支。而市场份额下降的公司的强度路径则相反。虽然这看起来并不现实或者说不公
平，但从商业角度来看是有一定道理的，因为当一家公司的市场份额减少了，它可
能就会减少对更节能的新技术的投资，反之亦然。

在异质工业行业缺乏特定行业脱碳路径的情况下，SDA 法采用绝对收缩方法。
所有异质行业部门都是 SDA 工具中其他行业部门的一部分。在 ETP 模型中，以
tCO$_2$ 表示的排放路径通过从行业总预算中减去均质能源密集型部门预算来确定。

关于 SDA 方法的完整描述请参阅 SDA 报告。

③范围

SDA 工具将这种收敛方法用于范围 1 和范围 2 的排放，产生同质部门的以下输

出：范围1的碳强度目标、范围1的绝对减排目标、范围2的碳强度目标、范围2的绝对减排目标。此外，公司也可以使用SDA中多个部门路径来处理范围3活动。例如，一家公司可以要求其铝供应商根据SDA的铝行业路径（商品购买及服务）来设定目标，使用其租赁资产的商业建筑路径，或使用SDA运输工具来为价值链中的运输和分销活动设定目标。

④IEA减排情景与WB-2℃和1.5℃情景的对比

由于SR15中引入了修订过的温室气体预算，这可能会使专栏3规定的与2DS和B2DS相关联的温度极限概率失效，同时SBTi决定通过将情景包络与每个温度目标对应的关系来定义目标雄心，因此有必要将不同的IEA情景与确定的情景包络进行对比。基于对比结果，采用特定ETP路径的SDA目标可被认为与1.5℃或WB-2℃一致。最重要的是，ETP路径所显示的总体减排应与情景包络中描述的减排一致，同时在气候雄心方面也被认为是一致的。此外，年度排放的总体轨迹也应是可比的。

IEA情景与包络线情景的关键不同在于覆盖的排放类型：ETP路径仅限于能源和工业活动的CO_2排放，而包络线情景则是基于《京都议定书》的温室气体计算的。幸运的是，IIASA为每个IAMC情景都提供了数十个变量，包括能源和工业活动的CO_2排放，从而能对ETP路径和已建立的情景包络进行相关比较。

我们将2DS和B2DS情景中从2020到基准年的年度线性减排率与每个情景包络线进行了比较。这些结果证实，尽管B2DS情景超出了1.5℃温度目标所需的降低范围，但它仍在WB-2℃情景包络线定义的目标范围内，因此，使用B2DS情景和SDA建模的目标可被认为与WB-2℃温度目标相一致。

为了将B2DS的年度排放轨迹与情景包络线的轨迹进行比较，鉴于不同情景下估计结果差异的广泛分布，每个情景的排放量首先标准化至2018年。虽然2DS情景在2035年左右超出了WB-2℃包络线的范围，但B2DS的年排放量与该年包络线的中位数相当。

⑤SDA法和工具的变化

SDA方法同时采用了行业温室气体排放路径和部门活动增长预测。这两者随着时间推移，都会因脱碳率或需求率的变化而偏离。这一事实要求定期修正该方法以检查预测的有效性，包括所有的碳预算假设。因此，定期更新实际路径中的全球预算数据是维持该方法稳健性和完整性的重要条件。SBTi也在评估其他参考部门模型的适用性，因为SDA工具的更新目前还依赖于发表的ETP报告。

由于SBTi的合作伙伴和其他外部组织正在开发当前SDA工具未覆盖的新的行业路径，因此SDA的行业覆盖范围也在扩大。外部开发需要通过验证过程、提供公共咨询机会以及与SBTi接受的排放情景定义与预算保持一致。

关于目前的技术更新，SBTi承认，与1.5℃温度目标一致的行业路径的发展必须作为技术资源放在优先级，以支持企业设置更有雄心的目标。不幸的是，与1.5℃一致的IEA ETP情景现在不可用，因此，由于这时没有合适的已确定了行业排放和活动分解的情景模型，SBTi无法提供1.5℃下的SDA。SBTi计划投入更多技术力量，并与研究人员和其他利益相关方合作，在未来的工作中将1.5℃部门路径纳入SDA的Excel工具中。

（4）专栏4：SDA方法中市场份额公式的调整

对同质行业应用趋同法时，将公司预期活动水平与2DS情景中该行业的预期活动水平结合，计算选定目标年的市场份额参数。该计算结果与公司的市场份额成反比，当公司的市场占有率增加时，参数会相应减少。

然而，在第一个SDA Excel工具的beta测试期间，利益相关者提出了在公司低估增长的情况下，碳预算存在出现超额分配的潜在威胁。为保持IEA ETP碳预算的完整性，SBT团队引入了一个市场份额参数的保护措施，当同类公司预测其活动水平下降时，将导致其市场份额减少。（市场份额参数上限为1.0）

由于SDA工具是在2014年的SDA技术报告发表之后发布的，所以在SDA公式中并未完整描述这一保障措施。因此，虽然实际市场份额计算保持不变，但SDA工具的事后调整如下：

=if（my<=1，my，1）

My=（CA$_b$/SA$_b$）/（CA$_y$/SA$_y$）

式中：

my：y年的市场份额参数（%）

CA$_b$：基准年b公司的活动水平

SA$_b$：基准年b的行业活动水平

CA$_y$：y年的公司活动水平

SA$_y$：y年的行业活动水平

3.经济强度目标

2012年，由乔根兰德斯提出的"全球经济分析方法（GEVA）"，将碳预算与全球国内生产总值（GDP）等同起来，因为全世界所有企业的毛利之和等于全球国内生产总值（GDP），所以企业的排放占比取决于其毛利。兰德斯强调，如果所有国家（或公司）每年将其单位GDP的排放量减少5%，到2050年，全球排放量将比2010年减少50%。在这篇论文发表后的6年中，潜在的GDP和排放假设都发生了变化，SBTi认可的最低减排率从5%提高到了7%。

重要的一点是，该方法本身的有效性还未得到可靠证实。GEVA是建立在一种微妙的数学近似上的，未经证实就不能接受；因此，我们明确指出，目前公认的全球经济增加值都取决于理想条件，即所有公司都以相同的速度增长，与GDP增长速度相等，而GDP的增长是确切已知的。今后的工作将聚焦于确定一种更稳健的经济强度目标确定方法，即探究这一假设的实际含义并相应地调整速率，或者对现有的第三方方法进行类似的完整评估；然而，在过渡时期，SBTi只接受在范围3目标中采用GEVA制定的经济强度指标。

4.范围3

公司的范围3排放在大多数行业都是最大的排放源，往往是其范围1和范围2的排放影响的数倍。然而，从会计的角度看，由于一家企业的排放清单与其他企业或消费者的排放清单重叠，所以责任分配很难厘清。此外，企业对其范围排放的影响程度因范围类别和报告企业的购买力、经营领域和投资性质等许多其他因素而不同。虽然各公司和部门之间可比的范围 3 基准的确定方面存在挑战，但这种重合也为减少更大范围的排放创造了合作机会。SBTi 的《价值链中的价值变化：范围 3 目标设定的最佳实践》描述了这些机会，并为不同行业的公司如何最好解决其范围 3 排放提供了实践指导。

我们鼓励企业采用范围 1 和范围 2 所需的科学目标法来设定范围 3 目标；然而，由于上述复杂性，SBTi 也接受了一些雄心勃勃的目标公式，但相对于同样的模型，它们没有科学依据。读者可直接阅读《基于科学的目标设置手册和 SBTi 标准》，以深入了解范围 3 的目标要求。

第六章 近零碳排放发展路径的探索与实践

一、碳中和概述

(一) 相关基本概念

碳中和的概念始于1997年，由来自英国伦敦的未来森林公司（后更名为碳中和公司）首度提出，指家庭或个人以环保为目的，通过购买经过认证的碳信用来抵消自身的碳排放，公司亦为这些用户提供植树造林等减碳服务。随着"碳中和"概念的推广，广义上的"碳中和"则指通过植树造林、生物固碳、节能环保等方式抵消一段时间内国家或企业产生的二氧化碳或温室气体排放量，使其从大气中去除的碳量等于排放的碳量。与之相近的还有"气候中性""净零排放"等概念，区别在于碳中和仅考虑二氧化碳，净零排放包括所有的温室气体，而气候中性则包含一个组织对气候全方位的影响（例如：地球物理效应，大气辐射等）。

"气候中性"来源于IPCC特别报告《全球变暖1.5℃》，其定义为当一个组织的活动对气候系统没有产生净影响时，就是气候中性（或叫气候中立）。这个是比碳中和、近零排放更为宏大的一个概念，还需要考虑区域或局部的地球物理效应，例如辐射效应（如来自飞机凝结轨迹的辐射效应）。

"净零排放"是指通过以"碳清除"的方式从大气层去除温室气体，平衡和抵消人为造成的温室气体排放，来达到排放量净值为零。

（二）我国碳中和发展总体目标路径

习近平总书记非常关注"双碳"工作，曾在中央经济工作会议、中央财经委第九次会议等重要会议和重要场合，多次发表重要讲话，作出重要指示批示。习近平总书记强调要把系统观念贯穿"双碳"工作全过程，注重处理好发展和减排、整体和局部、长远目标和短期目标、政府和市场四对关系；提出六项具体要求，即加强统筹协调、推动能源革命、推进产业优化升级、加快绿色低碳科技革命、完善绿色低碳政策体系、积极参与和引领全球气候治理。各地要根据自身情况，科学制定时间表、路线图，通过完成"双碳"目标，实现百姓富、生态美的有机统一。

我们要以此为指引，提升思维高度、扩宽认识角度，以系统思维、战略思维、辩证思维、科学思维、创新思维深入分析面临的形势和任务，谋定而后动。必须坚持全国统筹、节约优先、双轮驱动、内外畅通、防范风险的原则，加快形成节约资源和保护环境的空间格局、产业结构、生产方式、生活方式。

（三）碳减排的技术创新和应用领域

"实现碳达峰碳中和是一场广泛而深刻的经济社会系统性变革"，"积极稳妥推进碳达峰碳中和"需要有指导全局性工作的规划，并根据形势的发展、技术的进步，形成不断完善规划的工作机制。同时为更顺利实现碳中和，需有高质量碳达峰作为前提和保障，这是一个长期的过程，根据碳排放的不同发展阶段，提供技术可行、经济可承受的科技支撑，一方面需要通过节能减排、产业结构调整、能源结构调整、技术创新进步等方式减少二氧化碳排放量，另一方面需要通过大规模国土绿化、碳捕集利用及封存等手段抵消自身产生的二氧化碳排放量。

从技术层面出发，需要各行业通过技术改造、升级或创新尽量减少碳排放，或者利用CCUS（碳捕捉、应用与储存）技术进行人工碳汇。从碳减排情况分析需重点关注高排放行业，根据我国"碳排放大户"情况，需重点关注能源领域、工业领域、交运领域和建筑领域，上述四个领域亟须进行节能技术改造和零碳生产技术创新。

能源领域，特别是电力部门是实现2060碳中和目标的关键，能效进步、可再生能源占比提升是主要减排手段，而高比例非化石能源电力系统的安全性和灵活性将成为重点，电力系统集成优化减排技术与各类需求侧响应技术需开始部署。

工业领域是耗能与碳排放大户，是实现碳中和目标的重点领域。生产节能、产品利用率提升、工业原料替代、工艺革新与CCUS技术的成熟，将成为碳中和贡献的主要条件。

建筑领域碳排放由于工业部门碳排放控制、人民生活水平及用能需求不断提高等原因占总排放比例将提高。能源结构优化与可再生能源利用技术，包括建筑电气化、光伏建筑一体化、建筑负荷柔性化技术等需持续推广、积极部署。

交通领域碳减排潜力大、难度高。国际经验表明，发达国家在交通运输规模基本稳定的情况下，实现碳中和亦非常困难。发展公共交通、优化运输结构等需求减量技术和提高能源利用效率技术是尽早达峰的主要减排手段。电动货车、生物柴油燃料技术等燃料替代技术对实现交通领域快速深度减排将起到关键作用，需积极研发部署。同时，需提升智能交通的应用和普及，提升交通用能供需匹配技术，以缓解交通部门的供需矛盾。

二、减碳技术

（一）能源领域减碳技术

"碳中和"意味着技术革命，也意味着能源革命。我国能源活动二氧化碳排放占全国总排放量的87%，能源生产和消费革命是推动实现"双碳"的"牛鼻子"。同时，能源安全关系国家经济社会发展全局性、战略性问题，对国家繁荣发展、人民生活改善、社会长治久安至关重要，因此能源领域减碳必须以能源安全为前提。

2020年，我国的石油对外依存度73%，天然气对外依存度43%。与此同时，部分国家贸易壁垒加剧，从多方面对现有的能源供应格局产生影响，给我国能源安全带来了新的挑战。受限于"富煤贫油少气"的资源禀赋，大力推进能源革命，建设清洁低碳、安全高效的能源体系，发展新能源特别是可再生能源，提高能源自给率，是确保国家能源安全的关键。经分析预测，2030年实现碳达峰时，我国能源供应端将实现从"黑色、高碳"向"绿色、低碳"的转型，新能源装机占比将大幅提升，能源消费增量将主要由清洁低碳能源供给，电网将向能源互联网升级，清洁能源消纳能力将大大提高；在2060年实现碳中和时，我国能源消费结构将基本实现电气化，能源系统化石能源消费基本清零，新能源成为主要能源供给来源，能源安全将得到充分保障。

在确保能源安全的前提下，推动绿色发展、推进能源革命，从储能、用能、节能等多方面考虑能源领域减碳，以能源供给清洁低碳化和终端用能电气化为主要方向，坚持节能和结构调整双向发力，严格控制并逐步减少煤炭消费，大力推动煤电节能降碳改造、灵活性改造、供热改造"三改联动"，稳步推进水电发展，安全发展核电，加快光伏和风电发展，加快构建适应高比例可再生能源发展的新型电力系统，完善清洁能源消纳长效机制，推动低碳能源替代高碳能源、可再生能源替代化石能源，构建以新能源为主体的新型电力系统、能源数字化和智能化的新型智能电力系统及清洁低碳安全高效的能源体系。

能源领域减碳技术可关注以下内容：

1.电力部门减碳

聚焦电力部门，电力生产减碳技术有两种方式：1.对现有发电企业进行技术改造，提高能源利用效率，包括热点解耦、低压稳燃等传统技改，以及利用人工智能、大数据、云计算等进行智能化改造；2.寻求以太阳能、风能为代表的可再生能源进行发电，实现电力的零碳生产，此部分除发电环节外，电力的储存和运输也至关重要。

（1）传统火电厂"智能化"

目前中国发电结构以火电为主，对现有发电企业进行技术改造是有效控制二氧化碳排放的重要方式。传统技改如通过热电解耦、低压稳燃等技术虽然可降低发电水平，但是现有技术仍存在响应灵活性差、机组损耗高、运营成本高等问题。相较于此，传统火电厂进行数字化赋能可以全方位减少碳排放、推动碳中和，如2019年南宁国电公司已经成功实施了AI优化火力发电，锅炉热效率提高0.5%。

（2）可再生能源应用提升

近年来，风能、光伏生产成本不断降低，新能源行业从补贴期迈入盈利期，但相较于传统火电，"风光产业"亟待解决时间错配、空间错配的两大问题。

① 时间错配问题

时间错配是指太阳能、风能、水能等新能源具有季节性和随机性，如北方地区冬季太阳能发电量只有夏季的10%左右，解决时间错配问题需要低成本的绿色储能技术，抑制间歇性可再生能源输出功率的波动，解决新能源在极端天气下无法灵活供电的问题，提高供电质量、维护电网稳定；目前，现有储能方式主要有物理储能、电化学储能、电磁储能三大类：

物理储能一般有抽水蓄能、压缩空气储能、飞轮储能等，通过将电能转化为水势能、气压势能或动能来储存能量。物理储能技术成熟度最高，抽水储能规模最大，但由于对地理环境要求过高，必须毗邻水资源，发展前景弱于以锂电池为代表的电化学储能。

电化学储能主要形式是电池储能，包括铅酸电池、液流电池、钠硫电池、锂电池等，主要代表是技术已相对成熟的锂电池和铅蓄电池。近年来，在政策的推动下，技术发展较为迅速，在发电侧、电网侧和用电侧均有应用，分布式光伏多采用铅酸电池，集中式光伏多采用锂电池。由于铅蓄电池对环境危害较大，锂电池或将成为解决可再生能源间歇性特征的重要方式，而液流电池持续放电时间长，也将吸引更多的研发投入。

电磁储能一般有超导电磁储能和超级电容器储能两种主要方式，电磁储能具有响应快、效率高、成本高的特点，大至轨道交通，小到固态硬盘中都能见到它们的身影；此外，电磁储能技术尚处于研发初期，未来石墨烯超级电容器、超导电磁储能技术可能给能源行业带来巨大变革，除了应用在可再生能源发电上，还可能推广到新能源交通工具方面。

②空间错配问题

空间错配是指光照资源丰富的西北地区与用电需求强劲的中东部地区之间的供需错配问题，解决空间错配问题需要高效的能源运输技术，一方面，通过建设高效的能源运输网络（特高压），实现2.0版本的"西电东送"；另一方面，通过分布式光伏充分利用"头顶的太阳"，实现一定程度上的能源"自给自足"，未来分布式光伏应用布局或将超越集中式光伏，近年来国家政策已逐渐向分布式光伏倾斜。

2.IGBT技术应用

IGBT技术是一种电力电子技术，全称为"绝缘栅双极型晶体管"，是一种大功率电子电力器件，主要用于变频器逆变和其他逆变电路，将直流电压逆变成频率可调的交流电。IGBT技术是新能源发电领域的重要技术方向，可帮助新能源发电领域实现更高效的电力转换，降低发电、电力运输及电力设备运行过程的电力损耗，起到节能减排作用。具体来说，可应用于以下方面：

可再生能源发电：风力发电、光伏发电等新能源发电都需要IGBT器件制造的整流器和逆变器，光伏发电系统中IGBT可用于光伏逆变器，将直流电转换为交流电，提高太阳能的利用效率；风能发电系统中IGBT可用于控制发电机组的转速和功率，实现能源的优化利用。

电动汽车领域：IGBT可用于驱动电机控制器和充电设备等关键部件，实现电动汽车的高效驱动和充电。

但是，目前我国IGBT技术尚不成熟，特别是高端器件与发达国家差距较大，一方面IGBT芯片设计制造、模块封装、失效分析、测试等核心技术被发达国家企业掌握，另一方面该技术对设备专业化程度要求高，因此目前市场供需缺口较大。

3.氢能应用

氢能是具有高能量密度、零排放、资源丰富的清洁能源，是未来能源发展的重要方向。作为清洁能源，其燃烧产物是水，不产生任何污染物，可以减少对化石能源的依赖，降低碳排放。

在储能方面，氢气可以液态、固态或气态的形式储存，能够在需要时进行释放，以应对能源供应的波动；在工业过程中，氢气可用于加热、动力供应和化学品生产等，通过逐步扩大工业领域氢能应用，能够有效引导高碳工艺向低碳工艺转变，促进高耗能行业绿色低碳发展，如以"绿氢"替代化石燃料作还原剂，可以实现钢铁行业深度脱碳；在交通领域，氢燃料电池汽车与传统的汽油车辆相比，减少了碳排放，并具有更高的能源效率；在电力并网方面，氢能可以通过燃料电池技术转化为电力，可用于分布式发电和微电网系统。

（二）工业领域减碳技术

工业领域是能源最终消费的主要部门，工业部门深度脱碳是实现碳中和的重中之重。按生产环节划分，工业领域减碳技术包括源头减排、过程减排和末端减排三个层面的关键技术；按照重点行业情况，工业领域减碳需重点关注钢铁、有色金属、建材、石化化工等行业。

1.从生产环节看工业领域常用减碳技术

源头减排指通过采取源头控制措施，减少生产过程中的温室气体排放和污染物排放，常有以下减排措施：（1）降低能源消耗：通过改进生产工艺和采用高效设备，降低生产过程中的能源消耗，从而减少碳排放；（2）使用清洁能源：采用太阳能、风能等清洁能源代替传统能源，可以减少能源消耗和碳排放；（3）采用低碳原料：使用低碳原料代替高碳原料，减少生产过程中的碳排放；（4）减少废弃物排放：优化生产流程，减少废气、废水和固体废弃物的排放，实现污染物的源头控制；（5）回收利用废弃物：对生产过程中产生的废弃物进行回收利用，减少资源浪费和环境污染。

过程减排指在生产过程中采取措施，减少能源消耗和碳排放，常有以下减排措施：（1）生产流程优化：通过对生产流程的优化，提高生产效率，减少非必要的碳酸盐等排碳原料使用等，降低能源消耗和碳排放；（2）燃烧控制技术：采用先进的燃烧控制技术，如燃气轮机的低 NOx 排放技术、煤粉燃烧技术等；（3）新型催化技术：采用新型催化技术，如 SCR 催化剂、NOx 存储还原催化剂等，减少化学反应过程中的能源消耗和碳排放；（4）烟气处理技术：采用湿法脱硫、脱硝、除尘等烟气处理技术，减少温室气体的排放；（5）烟气余热回收：采用余热回收技术，如热泵、余热发电等，回收工业过程中的余热，提高能源利用效率，减少能源消耗和碳排放；（6）节能灯具应用技术：推广节能灯具，如 LED 灯具等，可以提高照明效率，减少能源浪费和碳排放。

末端减碳技术是指通过捕集和利用技术，减少企业排放的二氧化碳，常有以下减排措施：（1）二氧化碳捕集技术：如华润水泥已确立于 2023 年建设完成一套 10 万吨/年碳自富集技术研发平台，打破主流化学吸收法、膜分离法捕集二氧化碳的模式，在碳捕集装备上开展了有针对性的研发和升级，预计水泥窑自富集 90% 以上浓度二氧化碳，具有低成本、低能耗、低碳排放值等技术优势；（2）二氧化碳利用、封存技术：将尾气中的二氧化碳进行捕集，再通过地质封存，实现二氧化碳的减量化、无害化利用和封存等。

2. 从重点高耗能行业角度看工业领域常用减碳技术

从重点行业看，工业领域节能减碳需关注重点高耗能行业、重点用能企业、重点用能设备等的节能监管和能效提升。

高耗能行业，需关注钢铁、建材、石化化工、有色金属等行业以及区域清单中耗能及排放量较大的主体。对于钢铁行业，要大力发展短流程电炉炼钢，研发绿氢炼钢流程，并利用碳捕捉技术清除化石燃料产生的碳排放；对于水泥等建材行业，需利用绿氢、生物质燃料等替代传统化石燃料，实现燃料端零碳排放，同时需积极探寻水泥原料石灰石的替代品，彻底解决石灰石煅烧过程中的大量碳排放问题；对于化工行业，应大力发展氢化工，实现对化石能源的替代；此外，还应推进钢铁、水泥、焦化行业及燃煤锅炉超低排放改造，积极探索生物基高分子材料替代化纤、塑料、橡胶等石化基材料。

重点用能企业包括列入国家能源消费统计的重点用能企业、年综合能源消费量

1万吨标准煤及以上的用能企业、国家公布的千家重点用能企业等；重点用能设备包括燃煤/燃气锅炉、压缩机、空调器、换热器、冷凝器、散热器等设备。

（1）钢铁行业

钢铁行业节能减碳技术，从生产方式考虑，可通过短炼钢替代长炼钢，提高电气化程度和废钢利用率；从能量来源考虑，可以绿氢替代化石燃料，将重点放在降低制氢成本、提高存储及运氢技术的安全性上，实现深度脱碳。此外，还应推广高效精馏系统、高温高压干熄焦、富氧强化熔炼等节能技术，还可利用碳捕捉技术清除化石燃料产生的碳排放。

短流程电气化程度比长流程高，通过短炼钢替代长炼钢，吨钢能耗更低，二氧化碳排放量更低，但废钢成本和冶炼电耗成本较高，普及率较低。国际钢铁协会数据显示，2019年全球电炉法粗钢产量占比为27.9%，而中国的电炉法粗钢产量占比仅为10.4%。

能量来源方面，以"绿氢"替代化石燃料作还原剂，可实现钢铁行业深度脱碳。无论是长流程还是短流程生产，都需要使用煤炭、天然气等化石燃料作还原剂，导致生产过程排放大量二氧化碳。由于氢能具有燃烧性能好、燃烧损耗小、无毒无污染的优点，以绿氢作还原剂可以实现高效、清洁炼钢。工业制氢分为灰氢、蓝氢、绿氢三种。目前95%以上的氢能来自化工制氢，因为制氢过程会产生二氧化碳，被称为"灰氢"，生产方式包括化石能源制氢、工业副产氢；化工制氢的过程中结合CCUS技术以实现碳中和的氢气被称为"蓝氢"；由可再生能源电解而来的氢气完全不产生碳排放，被称为"绿氢"，生产方式包括电解水制氢、光解水制氢和生物质能制氢等。目前，化石能源制氢产量大、成本低、技术最为成熟，但是碳排放高；电解水制氢较为环保，但是制氢成本过高，还处于技术突破期，无法实现规模化，未来发展方向主要包括质子交换膜电解槽（PEM）膜电极材料创新、固态氧化物电解槽（SOEC）等新技术路线突破；光解水制氢、生物质能制氢零碳排放，但是尚在技术研发阶段。短期中国仍以通过煤制氢配合CCUS技术制造"蓝氢"为主，将工业副产氢作为制氢过渡性方法，长期将实现利用可再生能源电解水制氢。

（2）建材行业

建材行业中主要耗能行业为玻璃行业以及水泥行业，特别是熟料生产的水泥行业。

玻璃行业节能减碳可关注提高玻璃熔化效率的富氧燃烧技术、减少热损失，提高玻璃窑炉的热效率的高效保温技术、提高精准控制水平的玻璃熔窑智能控制改造技术、普通平板玻璃生产线改造为Low-E节能玻璃生产线等。

水泥行业碳排放主要来源于水泥生产过程中燃烧化石燃料功能过程排放，以及生产过程中石灰石原料煅烧化学过程排放，两者分别占碳排放总量的40%和60%左右。因此，水泥行业节能减碳，一方面要从燃料端入手，以氢能、生物质燃料替代传统化石燃料，减少供热过程碳排放；另一方面要从原料端入手，寻找水泥原料石灰石的替代品，实现水泥行业深度减排。燃料端方面，绿氢、生物质燃料具有零碳排放特点，能够有效降低水泥生产过程中的碳排放。原料端方面，用非石化基材料替代石灰石原材料有利于实现深度脱碳。水泥生产过程分为熟料生产和水泥生产两个阶段，其中熟料生产中使用石灰石作为原材料，其分解、燃烧产生大量二氧化碳。现阶段多使用工业固废作为熟料替代品，降低熟料与水泥的比例，如电石渣、石粉、镁渣、钢渣、硅钙渣、高炉矿渣、砖渣等，未来需采用非石化基材料完全替代石灰石原材料，实现深度脱碳。

（3）化工行业

化工行业对石油、天然气等化石能源依赖性强，生产过程产生大量二氧化碳。化工行业节能减碳，一方面要积极推动氢化工，实现燃料端脱碳；另一方面要推动生物基高分子材料替代石化基材料，实现原料端脱碳。氢化工方面，与钢铁、水泥行业类似，氢化工有利于降低燃料燃烧碳排放。目前氢化工技术尚在突破阶段，未来技术突破主要在氢气制造、储藏和运输领域。生物基高分子材料方面，化工行业主要产品包括塑料、合成纤维和合成橡胶，塑料制品中的塑料瓶原料是聚对苯二甲酸乙二醇酯（PET），若用生物基高分子材料（淀粉基生物塑料、聚乳酸（PLA）、聚羟基烷酸酯（PHA））进行可降解替代，对实现碳中和有利。类似地，化纤原料尼龙的原料聚酰胺（PA）也可用生物基PA56、PA6替代。使用生物基高分子材料替代传统化石燃料应用广泛、前景广阔，目前生物基高分子材料技术尚在探索阶段。

3.工业领域相关政策

国内外出台多项政策支持工业领域相关节能减排工作：

➤四部门关于开展《国家工业资源综合利用先进适用工艺技术设备目录》推荐工作的通知

2022年9月19日，工业和信息化部办公厅、国家发展和改革委员会办公厅、科学技术部办公厅、生态环境部办公厅联合印发关于开展《国家工业资源综合利用先进适用工艺技术设备目录》推荐工作的通知。其中，拟推荐的工艺技术设备主要面向工业固废减量化、工业固废综合利用、再生资源回收利用和再制造等四个领域。

➤工业和信息化部办公厅关于开展2022年度绿色制造名单推荐工作的通知

2022年9月16日，工业和信息化部办公厅发布关于开展2022年度绿色制造名单推荐工作的通知，旨在贯彻落实《"十四五"工业绿色发展规划》《工业领域碳达峰实施方案》，持续完善绿色制造体系，推进工业绿色发展，助力工业领域碳达峰碳中和。

➤国家能源局开展2022年度能源领域首台（套）重大技术装备申报工作

2022年9月14日，国家能源局综合司关于组织开展2022年度能源领域首台（套）重大技术装备申报工作的通知发布，申报方向重点聚焦先进可再生能源、新型电力系统、安全高效核电、化石能源绿色高效开发利用、新型储能、抽水蓄能、氢能及其综合利用、能源系统数字化智能化、节能和能效提升等领域。

➤工业和信息化部：推广清洁能源应用、开展节能改造和绿色低碳技术改造

2022年9月13日，工业和信息化部关于印发《促进中小企业特色产业集群发展暂行办法》的通知，其中提到，加快集群绿色低碳转型。优化集群能源消费结

构，推广清洁能源应用，开展节能改造和绿色低碳技术改造，强化资源综合利用与污染防治，完善绿色制造体系。

➤ 四部门：加强可降解塑料等高品质绿色低碳材料研发和应用

2022年9月，工业和信息化部办公厅、国务院国有资产监督管理委员会办公厅、国家市场监督管理总局办公厅、国家知识产权局办公室印发原材料工业"三品"实施方案，其中提出，发展绿色低碳产品。围绕石化化工、钢铁、有色金属、建材等行业，开展节能降碳和绿色转型升级改造，逐步降低原材料产品单位能耗和碳排放量。

➤ 工业和信息化部：重点开展四方面工作，推进钢铁等原材料行业碳达峰

2022年9月16日，在主题为"推动工业绿色低碳循环发展"的新闻发布会上，工信部原材料工业司副司长冯猛对媒体表示，按照碳达峰碳中和工作总体部署，工信部牵头制定了有色金属、建材行业碳达峰方案，拟于近期发布实施；同时配合制定了石化化工、钢铁行业碳达峰实施方案。

➤ 美国能源部发布"工业脱碳路线图"

2022年9月7日，美国能源部（DOE）发布"工业脱碳路线图"，确定了减少美国制造业工业排放的四个关键途径。路线图强调了大幅减少工业部门碳排放和污染的紧迫性，并为工业和政府提出了一个分阶段的研究、开发和示范方案。据悉，美国能源部报告确定了美国工业关键部分脱碳的路径，并在拜登总统的气候计划之上，宣布提供1.04亿美元资助碳减排技术，包括620亿美元基础设施法案，以及减少通货膨胀法中100亿美元用于清洁能源制造业税收抵免和58亿美元用于工业设施，同时在工业设施附近社区建设新的监测设施等。

4.绿色园区创建

与工业领域相关的还有一项重要工作，即创建绿色园区乃至零碳园区，截至2022年，我国有国家级和省级工业园区约2 500家，普遍存在高污染、高排放情况，是迈向双碳目标的"硬骨头"，亟须进行升级改造。

2021年以来，以中发36号文和国发23号文为统领的国家层面碳达峰碳中和

"1+N政策体系"已基本建成,各领域重点工作有序推进。中发36号文明确提出开展碳达峰试点园区建设。国发23号文共13处部署了园区的工作,如加强园区物质流管理;选择具有典型代表性的园区开展达峰试点建设;打造一批达到国际先进水平的节能低碳园区等。

国际上,绿色发展强调培育经济发展的同时,持续保持资源、环境及生态系统的服务功能,并常用脱钩来表达,即实现经济增长与资源消耗和环境质量影响脱钩,具体又分为相对脱钩和绝对脱钩。对工业园区而言,提高园区的资源产出率和碳生产率,是园区脱钩发展的重要任务和努力方向。

创建绿色园区主要涉及以下方面内容:(1)园区绿色化建设和改造:进行园区的绿色化建设和改造,包括污水处理、工业管廊、固废回收、循环利用、园区绿化等系统,构建绿色制造体系;(2)推进园区节能降耗:通过智慧能源管理平台以及电力需求侧平台,降低能耗,节约电力,减少二氧化碳排放;(3)创建绿电生活与绿电制造新标准:结合具体的区域特色和实际情况,因地制宜地制定符合实际情况的标准,以推动绿色园区的建设;(4)打造绿色低碳工业体系:通过实施一系列的政策和措施,推动园区内的工业体系向绿色低碳方向转型,包括调整产业结构、优化能源结构等;(5)加强环保和安全监控:环保和安全监控应该覆盖园区的各个角落,确保园区的环境安全和环保工作的有效实施。

创建绿色园区重点在于着力园区绿色低碳循环:(1)着力园区碳生产率提升;(2)着力园区基础设施共生降碳减污;(3)着力园区数字化转型;(4)着力物质流管理助力循环发展;(5)着力园区发展与排放脱钩;(6)着力区域流域园区协同发展。

同时,在绿色园区创建的基础上,也需逐步探索零碳园区创建,当前零碳园区创建面临诸多挑战:

➢ 零碳转型与持续发展的平衡

园区作为高新技术的载体和经济发展的重要引擎,能源需求量大,碳排放量高,且随着园区发展向好,相关能耗、排放仍可能增长,脱碳压力巨大。西部大开发、东北振兴和中部崛起等国家战略的实施，均需要以园区作为基础引擎，也会产生新的排放。经济发展与"双碳"目标之间如何平衡，已经成为亟须破解的难题。

➢零碳园区建设路径尚不清晰

零碳园区作为全新概念，认知大多停留在概念层面，建设零碳园区的顶层设计、能源结构、产业结构、基础设施、政策体制等各方面实现路径仍在探索中。

➢相关技术尚不成熟

现有低碳、零碳和负碳技术，难以支撑实现碳中和，CCUS等技术成本极高，不具备大规模商用条件。基础研究方面，虽然这三类技术研究成果在快速增长，但引用量较低，研究质量和技术创新需进一步提升。

（三）交通领域减碳技术

交通领域碳排放占比不断增加，其领域减碳技术主要包括智能驾驶、智慧道路、绿色出行、燃料电池等方向。（1）智能驾驶：通过单车智能和车路协同的方式，更有效地进行交通管理和控制，从而降低碳排放。其中单车智能通过车辆自身的传感器实现自动驾驶、感知、决策等功能，车路协同则通过路边设施的协同感知和计算进行更高效的交通管控。（2）智慧道路：利用并发展大数据技术，构建智慧城市交通体系，通过高精度定位、GIS+BIM可视化、物联网等技术，实现道路智能管理、养护和运维，提高道路运行效率，减少交通拥堵，降低能源消耗。（3）绿色出行：以共享出行、骑行、步行等非机动车出行方式减少或替代机动车的使用，从而减少碳排放。（4）加快电气化进程等能源结构升级：推进新能源汽车替代，加快短途交通电动化进程，进一步提升新能源电池的能量密度和充电速度，推广光伏充电桩一体化的新型建筑配电系统；探索氢燃料电池应用；航空、船舶、铁路等长途交通尝试使用氢能、生物质燃料、液态氨等燃料替代传统化石燃料等。

当前运用较多的交通领域减碳技术：

1.短途交运电气化

随新能源汽车技术的不断成熟，电气化是交通领域最具发展前景的脱碳方式，并有望扩大使用场景，实现城市交通、城际铁路等短途交运的全面电动化，这需要进一步提升新能源电池的能量密度和充电速度，并推广光伏充电桩一体化的新型建筑配电系统。

新能源汽车电动化的核心技术在于电池、电机和电控。电池方面，中国动力电池规模和产量均居世界首位，目前基本掌握主流锂电池等核心技术，以宁德时代、比亚迪为代表。电机方面，中国企业已形成规模经济，目前主流电机包括永磁同步电机和交流异步电机。电控方面，受益于国家政策扶持，中国企业基本实现自产自用，比亚迪、中车在IGBT芯片领域技术领先，但是市场渗透率不及国外品牌。其中，动力电池是新能源汽车的"起搏器"，电池技术突破将降低产业链成本，推动短途交运电动化。动力电池主要包括镍氢电池、锂离子蓄电池和铅酸电池。铅酸电池对环境有害，后期可能被逐渐淘汰；镍氢电池在混动车型中应用较多；锂离子电池是新能源汽车动力电池主流。具体而言，锂离子蓄电池中，钴酸锂、三元材料由于能量密度高、续航能力强，故而受到特斯拉青睐，但安全性较低，而我国新能源汽车多采用锰酸锂、磷酸铁锂等安全性高的材料作为动力电池原料。锰酸锂作为主流动力电池，综合性能最强，未来有望被重点研究推广。随着汽车电力存储系统升级，太阳能、风能等清洁能源或将用于发电，中国向实现碳中和又迈进一步。此外，光伏充电桩一体化的新型建筑配电系统，可满足新能源电池的充电需求，从而布局新型充电模式，支持城市、城际电动化短途交运的持续稳定运作。配套设施的广泛建设也有利于进一步降低电动化的成本，实现清洁性和经济性的共生。

2.长途交运新燃料替代

由于电池续航能力有限、充电间隔时间长等问题，长途交运电气化实现难度较大，因此可以尝试发展替代燃料，如用氢能、生物质、液态氨等燃料替代传统化石燃料。这一方面需要在新燃料的清洁制备和稳定储存方面实现技术突破，另一方面还需要推进配套的基础设施建设，实现新燃料的经济性和持续性。

氢能燃料有望在长途或重型运输行业大放异彩。根据FCH欧洲氢能路线图，氢能在重型卡车、电车和铁路、公交车和长途客车、飞机、轮船领域潜力巨大。氢能具有轻便易携、能量密度高、加气时间短的优点，对于长途或重型运输十分有利。虽然氢气易泄漏，但在行驶状态和开阔地带下，氢气密度小、易扩散，反而很难引起爆炸，安全性明显高于汽油、甲烷。目前中国氢燃料电池交通车已投产使用，未来绿色氢气可能成为飞机、火车等交通工具的主要燃料。除了氢气之外，液态氨、生物质燃料技术也有进步空间。

3.大数据提升交运能效

交通领域除了在能源端实现脱碳，还可以利用大数据技术，提高能源使用效率，从宏观层面实现碳减排。一方面，利用大数据构建智慧城市交通体系，全面掌握城市交通状况，助力城市交通基础设施建设，优化出行安排。另一方面，利用大数据技术，发展自动驾驶、智能车联网等技术，推动电动交运工具的人性化服务体验，从而提高电动交运工具的市场渗透率，从市场需求端为电动化助力。

（四）建筑领域减碳技术

建筑领域是主要的终端消费碳排放来源，此处的建筑领域包含建筑施工环节的直接排放以及建筑使用运行过程中住户照明、供暖制冷等产生的直接排放，建筑材料生产过程中产生的排放根据系统性或总体规划管理的便捷性，可在工业领域进行考虑，也可放在建筑领域进行考虑。

从建筑领域能耗及排放情况看，需重点关注采暖过程脱碳，使用热泵技术或积极探索生物质能、地热能等供暖技术；关注运行过程中用能管理；需关注建筑施工环节使用装配式建筑降低碳排放；以及借助工业脱碳技术或绿色材料的替代实现零碳建造。

1.采暖过程脱碳

采暖过程脱碳可关注热泵技术以及可再生能源供热应用：

热泵技术具有巨大的节能潜力，是实现建筑采暖用能电气化一级采暖过程脱碳的重要手段。热泵系统能使低温位热能向高温位热能转移，目前已经广泛应用于空调、供暖、制冷、烘干、热水等领域。以热源形式划分，热源系统主要包括空气源热泵、地源热泵、水源热泵等；以地源热泵为例，热泵机组能在冬季从大地吸收热量，夏季放出热量，无污染地向建筑物供冷供热，且运行和维护费用低，可广泛应用于各类建筑物。

可再生能源供热应用，是对采暖过程脱碳的积极补充。目前可再生能源供热相关的关键技术主要为高温型热泵可靠运行、井下高效换热、中深层地热能"取热不取水"开发利用技术，以及中深层地下热水采灌均衡、地热尾水回灌和水处理技术。

2.运行过程智能化管理

建筑运行过程中可通过物联网、人工智能、云计算、建筑信息模型技术等技术提升建筑智能化管理水平，将建筑中的各种设备、传感器、系统连接在一起，实现数据的收集、分析和共享，从而更好地管理建筑设施和能源使用，方便管理者进行设施管理和维护，实现能源的节约和管理效率的提升。

3.装配式建筑减少建筑施工环节碳排放

装配式建筑拥有广泛的技术优势和政策支持，未来有望成为建筑行业减排中和的技术路线。装配式建筑是指使用预制的构件和配件建造的建筑。与传统的现浇住宅相比，装配式建筑可在建造、装修、使用等全寿命周期内的各个环节实现减碳。

4.借助绿色材料实现零碳建造

建筑材料中钢材、水泥、铝材等建材的生产均有高排放、高耗能特点，因此实现零碳建造必须大规模应用新一代绿色材料，除绿氢炼钢、低碳水泥技术之外，还包括环保型木质复合、金属复合、优质化学建材及新型建筑陶瓷等绿色建材。另外，建材行业消纳废弃物能力较强，应进一步提升工业副产品在建筑材料领域的循环利用率和利废技术水平。

三、负碳技术

负碳技术指通过吸收大气中的二氧化碳，将其从大气中移除，从而实现减少大气中二氧化碳浓度的方法，常见的负碳技术包括植树造林、生物炭应用（将木炭等生物质材料用于土壤改良，可以提高土壤的碳储存能力，同时也可以促进土壤微生物的活性，提高土壤有机质的含量）、微生物厌氧消化（利用厌氧微生物分解有机物质，产生二氧化碳和甲烷，将产生的二氧化碳通过捕获和埋藏等方式进行储存，从而达到减少大气中二氧化碳浓度的目的）、碳捕获和储存（通过使用化学或物理方法，从排放源中捕获二氧化碳，并将其储存到地下或海洋中）。其中碳捕获和储存具有灵活性和广泛适用性，可应用于各种排放源，包括发电厂、工业生产过程、交通工具等，此处重点对碳捕获和储存的相关技术进行介绍。

碳捕获和储存（Carbon Capture and Storage，简称CCS），CCS技术主要包括燃烧后捕集、燃烧前捕集和富氧燃烧三种方式，其差异主要体现在二氧化碳在生产环节不同阶段的捕捉时机。中国在CCS技术上进行了创新，提出了从碳捕捉、碳运输、碳封存到碳利用（Carbon Capture，Utilization and Storage，简称CCUS）技术，并已开启我国首个百万吨级CCUS项目建设。

（一）CCS与CCUS

CCS和CCUS是两种不同的碳减排技术。CCS技术主要是将二氧化碳从工业或相关排放源中分离、运输和储存，以减少二氧化碳的排放。其中，碳捕获是该技术的核心环节，可以通过化学吸收、物理分离、生物方法等手段从排放源中捕获二氧化碳。运输主要是指将捕获的二氧化碳通过管道、船舶等方式运输到指定地点进行储存。储存则包括地质储存、海洋储存、矿物碳化等手段，将二氧化碳长期储存在地下或海洋中。而CCUS技术则在CCS的基础上，增加了二氧化碳的利用环节。该技术可以将捕获的二氧化碳用于合成燃料、生产化学品、促进石油开采等用途，实现了二氧化碳的资源化利用。同时，通过储存环节，也可以达到减少二氧化碳排放的目的。

相比之下，二者技术理念相同，但CCS技术主要关注于减少二氧化碳的排放，而CCUS技术则更注重于实现二氧化碳的资源化利用，CCUS是CCS的更高阶技术形态。自2006年以来，中国政府特别关注CCUS技术研发，2009年提出了CCUS的概念。2011年左右，许多政府计划、技术会议和研究计划都开始采用CCUS作为碳捕获系列技术的缩写，而不再仅是CCS。

（二）CCS技术应用

目前，CCS技术仍处于研发阶段，还存在一些技术和经济方面的挑战，例如降低成本和实现长期安全储存等，尚未实现大规模应用，但作为一种重要的减排技术，CCS在应对全球气候变化和实现可持续发展方面具有重要作用。

目前加拿大、美国、欧洲和中国的部分地区已开始实施CCS示范项目，如：

➢ 挪威二氧化碳捕获和储存项目：该项目由挪威国家石油公司（Statoil）和二氧化碳储存公司（Carbon Capture and Storage）合作进行。该项目将二氧化碳从燃煤发电厂中捕获，然后通过管道运输到海底以下约2600米深的岩层中储存。该项目的目标是每年储存300万吨二氧化碳，持续10年以上。

➢ 加拿大安大略省发电厂碳捕获和储存项目：该项目由安大略省电力公司（Ontario Power Generation）和二氧化碳储存公司（Carbon Capture and Storage）合作进行。该项目将二氧化碳从燃煤发电厂中捕获，然后通过管道运输到地下约300米深的岩层中储存。该项目的目标是每年储存150万吨二氧化碳，持续25年以上。

➢ 中国华能碳捕获和储存项目：该项目由华能集团（Huaneng Group）和碳捕获和储存研究中心（China Carbon Capture Research Center）合作进行。该项目将二氧化碳从燃煤发电厂中捕获，然后通过管道运输到地下约1 000米深的岩层中储存。该项目的目标是在未来10年内建设两个碳捕获和储存示范设施，每个设施每年储存100万吨二氧化碳。

（三）CCUS技术应用

CCUS技术被视为应对全球气候变化和能源转型的重要工具。通过CCUS技术，可以将工业过程排放的二氧化碳捕获并储存，从而降低大气中的二氧化碳浓度，减缓全球气候变暖的趋势。同时，储存的二氧化碳也可以被利用，例如用于提高石油采收率、生产化学品或作为饲料添加剂等。但是在实际应用中目前CCUS技术应用仍存在一些挑战：二氧化碳的捕获需要大量的能源和设备，成本较高；二氧化碳的储存需要大量的土地和基础设施，也面临着泄漏和地质不稳定等风险。此外，公众对二氧化碳的储存和利用也存在一定的担忧和质疑。

尽管如此，CCUS技术仍然具有巨大的潜力和价值。随着技术的不断发展和成本的降低，未来可能会实现更广泛的应用和推广。同时，政府、企业和研究机构也在积极推动CCUS技术的发展和应用，以应对全球气候变化和能源转型的挑战。

当前对CCUS的投资明显不足，每年的投资额在全球清洁能源技术投资中占比不到0.5%。伴随技术的进步，全球范围内对CCUS的投资热情正在逐渐增加，自2017年以来全年范围内宣布了超过30个CCUS基础设施的建设计划，主要分布在美国和欧洲，在澳大利亚、中国、韩国、中东和新西兰也有类似的项目计划，总投资规模接近270亿美元，投资方向涵盖发电、水泥、氢气等设施领域，全部投产后预计可将全球范围内的碳捕捉规模在当前每年4 000万吨的规模上实现翻一番。

CCUS具体可以通过以下几种渠道促进碳中和：

一是解决现有能源设施的碳排放问题。可以通过CCUS对现有的发电厂和工厂进行改造并减少其碳排放。根据IEA估算，全球当前的能源设备在它们的剩余生命周期内还能排放6 000亿吨二氧化碳（相当于当前每年碳排放量的20倍）。典型部门如煤炭，2019年全球1/3的碳排放来自煤炭排放，其中60%的设备在2050年仍将处于运营状态且多数设备位于我国，对于这类部门，积极运用CCUS是实现节能减排为数不多的技术解决方案。

二是重工业占全球二氧化碳排放量的20%，而CCUS是攻克工业领域碳减排的核心技术手段。CCUS当前主要应用于天然气以及化肥生产领域，原因是这些领域当前可以以较低的成本捕获碳气体。在其他重工业生产领域，如水泥生产领域深度减排、钢铁和化工领域排放也在进行不断探索。

三是应用于二氧化碳和氢气的合成燃料领域，根据国际能源署的可持续发展设想，CCUS是生产低碳氢气的两种主要方法之一；到2070年，可持续发展情景下全球的氢气使用量将增加7倍，达到5.2亿吨，其中60%将源自水电解，40%将源自于配备了CCUS设备的化石燃料生产设备。如果全球在2050年实现碳中和，则CCUS的投资规模至少需要在当前的规划基础上增加50%。

四是从空气中捕获二氧化碳，根据国际能源署的中性预测，当全球实现碳中和后，以交通和工业为主的部门仍将产生29亿吨的碳排放，这部分排放必须依靠从空气或生物能源中捕获二氧化碳并进行储存处理的方式才能抵消。当前已经有小部分设备处于运行状态，弊端在于成本过高需要通过技术进步的方式改善。

四、碳中和展望

（一）碳中和实现过程

实现碳中和，是一个长期过程，需要有一个指导全局性工作的规划，并根据形势的发展、技术的进步，能形成不断完善规划的工作机制，需明确总体的方向、路径，需知道怎么减、如何减、减多少，才可以顺利实现碳达峰碳中和的目标。

根据专家意见[47]：这个问题不易确切回答，但寻找答案的思路是具备的，那就是"排放量=海洋吸收量+生态系统固碳量+人为固碳量+其他地表过程固碳量"这个公式。对此，可以逐项做出分析：过去几十年，海洋对人为排放二氧化碳的吸收比例为23%，这个过程比较稳定，尽管很难预测未来是否会产生重大改变，但假定海洋将保持这个吸收比例不变，应该是有依据的。我国陆地生态系统固碳能力非常强，根据相关研究，2010—2020年间我国陆地生态系统每年的固碳量为10亿~13

亿吨二氧化碳；一些专家根据这套数据并采用多种模型综合分析后，预测2060年我国陆地生态系统固碳能力为10.72亿吨二氧化碳/年，如果增强生态系统管理，还可新增固碳量246亿吨二氧化碳/年，即2060年我国陆地生态系统固碳潜力总量为13.18亿吨二氧化碳/年。此外，我国近海的生态系统固碳工程还没启动，这个领域也应该有较大潜力。

碳捕集后作工业化利用及封存的量有多大，取决于技术水平与经济效益，目前要对此作出估计是有难度的。但也可作出这样的假定：如果届时实现碳中和有"缺口"，政府将对人为工业化固碳予以补贴，争取每年达到3亿~5亿吨二氧化碳的工业化固碳与地质封存。以中国的工业技术发展速度，这个假定还是相对"保守"的。其他地表过程固碳是指地下水系统把有机碳转化成石灰石沉淀、水土侵蚀作用把有机碳埋藏于河流—湖泊系统之中等地表过程，它一年能固定的碳总量目前没有系统研究数据，但粗略估计中位数在1亿吨二氧化碳左右。

为此，我们可以做出这样的分析，假如我国2060年前后二氧化碳年排放量在25亿吨左右，那么海洋可吸收25*23%=5.75亿吨二氧化碳，陆地和近海生态系统固碳14亿吨二氧化碳，工业化固碳和地质封存4亿吨二氧化碳左右，基本上可以做到"净零排放"。当然，要从100亿吨的二氧化碳排放量降到25亿吨，难度亦是非常之大的，这需要我们先有一个宏观的粗线条规划。

根据我国五年规划的惯例，可考虑以两个五年规划为一个阶段，分四个阶段，四十年时间实现碳中和目标：

第一步为"控碳阶段"，争取到2030年把碳排放总量控制在100亿吨之内，即"十四五"期间可比目前增一点，"十五五"期间再减回来。在这第一个十年中，交通部门争取大幅度增加电动汽车和氢能运输占比，建筑部门的低碳化改造争取完成半数左右，工业部门利用煤+氢+电取代煤炭的工艺过程大部分完成研发和示范。这十年间电力需求的增长应尽量少用火电满足，而应以风、光为主，内陆核电完成应用示范，制氢和用氢的体系完成示范并有所推广。

第二步为"减碳阶段"，争取到2040年把二氧化碳排放总量控制在85亿吨之内。在这个阶段，争取基本完成交通部门和建筑部门的低碳化改造，工业部门全面推广用煤/石油/天然气+氢+电取代煤炭的工艺过程，并在技术成熟领域推广无碳新工艺。这十年火电装机总量争取淘汰15%落后产能，用风、光资源制氢和用氢的体系完备及大幅度扩大产能。

第三步为"低碳阶段"，争取到2050年把二氧化碳排放总量控制在60亿吨之内。在此阶段，建筑部门和交通部门达到近无碳化，工业部门的低碳化改造基本完成。这十年火电装机总量再削减25%，风、光发电及制氢作为能源主力，经济适用的储能技术基本成熟。据估计，我国对核废料的再生资源化利用技术在这个阶段将基本成熟，核电上网电价将有所下降，故用核电代替火电作为"稳定电源"的条件将基本具备。

第四步为"中和阶段"，力争到2060年把二氧化碳排放总量控制在25亿~30亿吨。在此阶段，智能化、低碳化的电力供应系统得以建立，火电装机只占目前总量的30%左右，并且一部分火电用天然气替代煤炭，火电排放二氧化碳力争控制在每年10亿吨，火电只作为应急电力和一部分地区的"基础负荷"，电力供应主力为光、风、核、水。除交通和建筑部门外，工业部门也全面实现低碳化。尚有15亿吨的二氧化碳排放空间主要分配给水泥生产、化工、某些原材料生产和工业过程、边远地区的生活用能等"不得不排放"领域。其余5亿吨二氧化碳排放空间机动分配。"四阶段"路线图只是一个粗略表述，由于技术的进步具有非线性，所谓十年一时期也只是为表达方便而定。

（二）高质量发展仍需配套措施

"节能降碳将对优化产业结构、增加就业、协同减排大气污染物等方面产生促进作用。到2035年，四大行业节能降碳将达到投资19.6万亿元的水平。同时，对于环境污染物削减也有一定的协同减排的作用，每年削减二氧化硫、氮氧化物、颗粒物分别达到29万吨、65万吨和10万吨。"原发改委能源研究所所长戴彦德和社科院学部委员国家气候变化专家委员会委员潘家华指出："到2035年，要实现高质量发展，需要我们在15年的时间里，将粗放型的低端产能降下去。"

要实现高质量发展，需做好配套政策：

1.以融入经济社会发展全局为牵引

要把"双碳"工作纳入生态文明建设整体布局和经济社会发展全局，特别是把碳达峰碳中和目标融入经济社会发展中长期规划，作为美丽中国建设的重要组成部分，充分衔接国家发展战略、能源生产和消费革命、国土空间、中长期生态环境保护、区域和地方规划。

将绿色低碳全面融入长江经济带发展、粤港澳大湾区建设、成渝地区双城经济圈建设、黄河流域生态保护和高质量发展战略实施中，切实发挥重大区域规划引领带动作用。

扩大绿色低碳产品供给，增强全民节约意识、环保意识、生态意识，倡导简约适度、绿色低碳、文明健康的生活方式，形成全民参与绿色低碳建设的良好局面。

2.以能源绿色低碳发展为关键

能源活动二氧化碳排放占全国二氧化碳排放量的87%，能源生产和消费革命是推动实现碳达峰碳中和目标的"牛鼻子"。

充分考虑我国以煤炭为主的能源结构特点，在确保能源安全的前提下，以能源供给清洁低碳化和终端用能电气化为主要方向，坚持节能和结构调整双向发力，严格控制并逐步减少煤炭消费，大力推动煤电节能降碳改造、灵活性改造、供热改造"三改联动"，积极有序发展光能源、硅能源、氢能源、可再生能源，构建以新能源为主体的新型电力系统和清洁低碳安全高效的能源体系。

全面实施节约优先战略，加快提高能源利用效率，持续推进工业、建筑、交通等重点领域节能，充分挖掘节能提效的减碳潜力。

3.以重点领域转变发展方式为抓手

工业领域长期以来是我国能源消费和二氧化碳排放的第一大户，是影响全国整体碳达峰碳中和的关键。

要在坚决遏制"两高"项目盲目发展的基础上，围绕产业结构调整和资源能源利用效率提升，推动互联网、大数据、人工智能、第五代移动通信（5G）等新兴技术与绿色低碳产业深度融合。

交通领域要加快公转铁、公转水建设，优化调整交通运输结构，全面提速新能源车发展，推进绿色低碳出行，形成绿色低碳交通运输方式。

城乡建筑领域要通过乡村振兴推进县城和农村绿色低碳发展，坚持能效提升与用能结构优化并举，推进既有建筑节能改造和新建建筑节能标准提升，逐步建设超低能耗、近零能耗和零碳建筑。

4.以技术创新为引擎

技术创新是推动能源革命和产业革命、支撑实现碳达峰碳中和的核心驱动力。要基于碳达峰碳中和约束下的经济社会发展深度脱碳要求，系统谋划相关技术的实施路线图和时间表。

围绕能源、电力、工业、交通、建筑以及生态碳汇等领域的技术发展需要，加强科技落地和难点问题攻关，汇聚跨部门科研团队开展重点地区和重点行业碳排放驱动因素、影响机制、减排措施、管控技术等科技攻坚，采用产学研相结合模式推进技术创新成果转化应用。

加快先进成熟绿色低碳技术的普及应用，推进前沿绿色低碳技术研发部署，加强低碳零碳负碳关键技术攻关、工程示范和成果转化。

5.以碳汇能力全面提升为补充

强化国土空间规划和用途管控，构建有利于绿色低碳发展的国土空间布局。

推进山水林田湖草沙一体化保护和系统治理，实施重要生态系统保护和修复重大工程，巩固和提升生态系统碳汇能力。

充分利用坡地、荒地、废弃矿山等国土空间开展绿化，努力增加森林、草原等植被资源总量，有效提升森林、草原、湿地、海洋、土壤、冻土等生态系统的减排增汇能力。

6.以治理体系变革为保障

加快建立完善支撑落实碳达峰碳中和目标的政策体系和体制机制，推动形成政府主导、市场调节、各方参与、全民行动的绿色低碳转型发展新格局。

加快碳达峰碳中和相关立法进程和标准体系建设，强化碳达峰碳中和目标约束和相关制度法治化保障；加快建立碳排放总量和强度"双控"制度，完善全国碳市场建设，推动实施配额有偿分配，出台有利于绿色低碳发展的价格、财税、金融政策，引导经济绿色低碳转型；夯实政府主体责任，把碳达峰碳中和目标任务落实情况纳入中央生态环境保护督察、党政领导综合考核等范围，充分发挥考核指挥棒作用，提升治理效能。

积极参与和引领全球气候治理，以更积极的姿态参与全球气候谈判和国际规则制定，推动构建公平合理、合作共赢的全球气候治理体系。在坚持节能优先战略方面，出台包括电力领域对现有机组节能改造，工业领域节能技术推广，循环工业体系建立等政策。

在完善产业结构调整政策方面，出台包括现在推行的产业置换准入和退出的清单制度，结构调整目录的修订等配套措施。在推进碳排放总量控制方面，应该完善各种相应的配套政策和措施。

在推动循环经济发展方面，出台加大废钢资源循环利用，包括对球团矿企业的支持，水泥窑协同处置废弃物的政策等，同时，推广水泥窑对生活垃圾的协同处置。

在完善新能源发展政策方面，完善各种现货市场、辅助服务市场等机制，坚持集中式和分布式并举，进一步完善可再生能源电力消纳的保障机制，深化钢铁、水泥重点行业的差别电价政策。

进一步完善在总量控制前提下的碳交易市场，推行排放权、用能权、电力交易市场的建设等，推行相关配套政策。同时，健全重点行业控煤降碳的标准体系，包括清洁生产的标准，如能效标准、市场准入标准、绩效评价标准等。还要进一步健全财税和绿色金融政策，包括税、价格的政策和相应基金建立等。有研究显示"十四五"到"十六五"时期，碳减排的投资将分别达到6.5万亿元、6.9万亿元和6.2万亿元。其中，电力行业投资占比最高，占90%。其次是水泥、煤炭化工和钢铁。

第七章　湖北省低碳发展路径探索与实践

一、湖北省碳达峰碳中和工作的支撑条件

（一）湖北省发展现状

1.经济社会发展水平

2022年是湖北省开启全面建设社会主义现代化新征程的第二个年头，也是谱写新时代湖北高质量发展新篇章的关键年份。在以习近平同志为核心的党中央坚强领导下，省委、省政府团结带领全省人民深入学习贯彻习近平新时代中国特色社会主义思想，坚决贯彻落实党中央、国务院决策部署，全面落实《湖北省第十四个五年规划和二〇三五年远景目标纲要》，统筹推进疫情防控和经济社会发展，努力实现"十四五"良好开局，全年经济社会发展取得了显著成绩。

（1）综合实力稳步提升

2022年，湖北省地区生产总值53 734.92亿元，居全国第七位；按不变价格计算，比上年增长4.3%，高于全国平均水平0.5个百分点。其中，第一产业增加值4 986.72亿元，增长3.8%；第二产业增加值21 240.61亿元，增长6.6%；第三产业增加值27 507.59亿元，增长2.7%。三次产业结构由2021年的9.3∶37.9∶52.8调整为9.3∶39.5∶51.2。在第三产业中，交通运输仓储和邮政业、批发和零售业、住宿和餐饮业、金融业、房地产业、其他服务业增加值分别增长10.8%、5.6%、

6.2%、4.8%、7.1%、4.5%。

从人均地区生产总值来看，2022年湖北省为92 685元，按可比价格计算，比上年增长4.7%，位列全国第八位。

从综合实力来看，湖北省在中部六省中继续保持领先优势，在全国各省区市中也有较强竞争力。

（2）经济结构不断优化

2022年，湖北省经济结构在疫情后重振和高质量发展的推动下，不断优化升级。

一方面，产业结构持续优化。湖北省以制造业为主导的第二产业在疫情影响下逐步恢复正常水平，并加快转型升级步伐，高技术制造业、战略性新兴产业、装备制造业等重点领域保持了较快增长。2022年，高技术制造业增加值比上年增长21.7%，高于全国14.3个百分点，高于全省规上工业14.7个百分点；战略性新兴产业增加值比上年增长18.9%，高于全国11.5个百分点；装备制造业增长9.8%。同时，湖北省以服务业为主导的第三产业在疫情冲击下也表现出较强的韧性和恢复力，尤其是金融业、其他服务业等领域保持了较高的增速。2022年，金融业、其他服务业增加值分别增长4.8%和4.5%。

另一方面，消费结构不断升级。湖北省居民消费受疫情影响较大，尤其是交通运输、住宿餐饮、文化娱乐等服务性消费受到较大冲击。但是随着疫情防控形势的好转和居民收入的恢复，居民消费需求逐步释放，消费结构也呈现出升级趋势。2022年，全省社会消费品零售总额22 367.65亿元，比2021年增长3.7%。其中，网上零售额分别为3 867.9亿元和4 671.3亿元，分别增长18.6%和20.8%，占社会消费品零售总额的比重分别为17.3%和18.6%。这表明湖北省居民消费已经从传统的实物商品消费向更多的服务性消费和数字化消费转变。

2.资源禀赋

湖北省位于中华人民共和国的中部，简称鄂，地跨北纬29°01′53″～33°6′47″、东经108°21′42″～116°07′50″。东邻安徽，南界江西、湖南，西连重庆，西北与陕西接壤，北与河南毗邻。东西长约740千米，南北宽约470千米。全省总面积18.59

万平方千米，占全国土地总面积的1.94%。

（1）水资源禀赋丰富

湖北省是全国水资源最为丰富的省份之一，有"千湖之省"之称。全省水域及水利设施用地2 975.54万亩，主要分布在荆州市、武汉市、黄冈市、孝感市、荆门市等地。全省有纳入全省湖泊保护名录的湖泊755个，湖泊水面面积合计2 706.851平方千米。水面面积100平方千米以上的湖泊有洪湖、长湖、梁子湖、斧头湖。水面面积1平方千米以上的湖泊有231个。

湖北省除有长江、汉江干流外，省内各级河流河长5千米以上的有4 229条，河流总长6.1万千米。其中，流域面积50平方千米以上河流1 232条，长约4万千米。长江自西向东，流贯省内8个市（州）、41个县（市、区），西起巴东县鳊鱼溪河口入境，东至黄梅滨江出境，流程1 061千米。境内的长江支流有汉水、沮水、漳水、清江、东荆河、陆水、溇水、倒水、举水、巴水、浠水、富水等。其中，汉水为长江中游最大支流，在湖北省境内由西北趋东南，流经省内8个市、20个县（市、区），由陕西白河县将军河进入湖北省郧西县，至武汉汇入长江，流程858千米。

湖北省拥有丰富的水能资源，主要集中在清江和三峡库区。清江是我国第二大支流之一，在我省境内有大型电站7座（含在建），装机容量达到1 000万千瓦；三峡库区是我国最大的综合性水利枢纽工程，在我省境内有大型电站3座（含在建），装机容量达到2 400万千瓦。

（2）土地资源禀赋较好

湖北省以林地和耕地占主导，城乡建设用地和水域也有较大分布，呈现"五分林地三分田，一分城乡一分水"的格局。湖北省第三次国土调查数据显示，全省耕地7 152.88万亩，主要分布在平原湖区和低丘岗地区，荆州市、襄阳市、荆门市、黄冈市和孝感市等耕地面积较大。种植园用地730.50万亩，主要分布在宜昌市、黄冈市、恩施土家族苗族自治州等地。林地13 920.20万亩，主要分布在十堰市、恩施土家族苗族自治州、宜昌市、襄阳市和黄冈市等地。草地134.08万亩，主要分布在咸宁市、随州市、黄冈市、孝感市、襄阳市等地。湿地91.86万亩，主要分布在荆州市、武汉市、黄冈市、襄阳市等地。城镇村及工矿用地2117.29万亩，城镇村及工矿用地面积较大的是武汉市、黄冈市、荆州市、襄阳市、宜昌市等地。交通运输用地494.90万亩，交通运输用地面积较大的是襄阳市、黄冈市、恩施土家族苗族自治州、宜昌市、荆州市等地。

湖北省耕地质量较好，全省耕地中一等至三等土壤占比达到72.5%，其中一等土壤占比为9.8%，二等土壤占比为25.8%，三等土壤占比为36.9%。全省耕地中有机质含量平均为2.3%，比全国平均水平高0.1个百分点。全省耕地中酸性土壤占比为32.7%，碱性土壤占比为0.4%，中性土壤占比为66.9%。

（3）生物资源禀赋丰富

全省天然分布维管植物292科1 571属6 292种。其中，苔藓植物51科114属216种，蕨类植物41科102属426种，裸子植物9科29属100种，被子植物191科1 326属5 550种。其中，天然分布的国家重点保护野生植物162种（国家Ⅰ级保护的11种，Ⅱ级保护的151种），如水杉、银杏、红豆杉、南方红豆杉、大别山五针松、珙桐、花榈木等。列入全国优先保护极小种群野生植物的有大别山五针松、水杉、峨眉含笑、扣树、小勾儿茶、喜树、长果安息香、庙台槭、黄梅秤锤树、霍山石斛、大黄花虾脊兰等11种，占全国极小种群野生植物总种数的9.17%。

3.气候变化影响

湖北省位于中国中部，属亚热带季风气候区，气候特征为冬暖夏热，雨量充沛，四季分明。近年来，随着全球气候变化的加剧，湖北省的气候也发生了一些明显的变化，主要表现在以下几个方面：

（1）气温升高

根据湖北省气象局的数据，1961—2018年，湖北省年平均气温呈上升趋势，上升速率为0.25℃/10a，高于全球平均水平0.13℃/10a。其中，冬季气温上升最快，达到0.38℃/10a；夏季气温上升最慢，为0.16℃/10a。2018年湖北省年平均气温17.2℃，较常年偏高0.8℃。气温升高导致了一些不利影响，如冬季出现强暖冬，春季出现倒春寒，夏季出现连续高温极端事件等。这些影响了农业生产、人体健康、生态环境等方面。

（2）降水增多

根据湖北省气象局的数据，1961—2018年，湖北省年平均降水量呈增加趋势，增加速率为9.4mm/10a。其中，夏季降水量增加最多，达到18.4mm/10a；冬季降水量增加最少，为3.6mm/10a。2018年湖北省年平均降水量1529.6毫米，较常年偏多7.5%。降水增多导致了一些不利影响，如汛期强降水过程频繁，导致洪涝、滑坡、泥石流等灾害；秋季连阴雨过程伴随区域性暴雨、雨雪过程，影响交通运输、旅游业等方面。

（3）日照减少

根据湖北省气象局的数据，1961—2018年，湖北省年平均日照时数呈减少趋势，减少速率为-9.5h/10a。其中，秋季日照时数减少最多，达到-15.7h/10a；春季日照时数减少最少，为-5.7h/10a。2018年湖北省年平均日照时数1 613.3小时，较常年偏少6.9%。日照减少导致了一些不利影响，如影响农作物的光合作用、生长发育和品质；增加了人体缺乏维生素D的风险；导致太阳能发电效率降低等。

（4）灾害增多

根据湖北省气象局的数据，1961—2018年，湖北省年平均暴雨日数（≥50毫米）呈增加趋势，增加速率为0.3d/10a。其中，夏季暴雨日数增加最多，达到0.5d/10a；冬季暴雨日数增加最少，为0.1d/10a。2018年湖北省年平均暴雨日数7.6天，较常年偏多2.4天。灾害增多导致了一些不利影响，如造成人员伤亡、财产损失、基础设施破坏等。根据湖北省应急管理厅的数据，2018年全省共发生自然灾害事件1 139起，造成直接经济损失约150亿元。其中，洪涝灾害事件最多，占总数的64.9%；风雹灾害事件次之，占总数的17.5%；地质灾害事件占总数的11.9%。

（5）生态环境受损

根据湖北省气象局的数据，1961—2018年，湖北省年平均相对湿度呈下降趋势，下降速率为-0.4%/10a。其中，春季相对湿度下降最快，达到-0.6%/10a；冬季相对湿度下降最慢，为-0.2%/10a。2018年湖北省年平均相对湿度74%，较常年偏低1.2%。相对湿度下降导致了一些不利影响，如影响植物的生长和水分平衡；增加了土壤蒸发和水分流失；加剧了干旱和火灾的风险等。

根据湖北省气象局的数据，1961—2018年，湖北省年平均风速呈下降趋势，下降速率为-0.2m/s/10a。其中，秋季风速下降最快，达到-0.3m/s/10a；夏季风速下降最慢，为-0.1m/s/10a。2018年湖北省年平均风速1.7米/秒，较常年偏低0.2米/秒。风速下降导致了一些不利影响，如影响大气污染物的扩散和清除；影响风能发电效率和稳定性；影响农业生产中的授粉、病虫害防治等。

（二）湖北省碳排放现状

湖北省位于中国中部，经济发展较快，能源消费和碳排放量较大。近年来，湖北省积极应对气候变化，推进碳达峰、碳中和工作，探索碳排放权交易市场建设，实现了绿色低碳发展。根据国家统计局和国家能源局的数据，2019年，湖北省能源消费总量为2.63亿吨标准煤，其中化石能源占比为81.7%，非化石能源占比为18.3%。湖北省二氧化碳排放总量为5.99亿吨，占全国的4.1%，居全国第八位。湖北省单位生产总值二氧化碳排放量为1.86吨/万元，较2005年下降了39.8%，超额完成了"十三五"时期碳强度下降16%的目标任务。

湖北省碳排放的主要来源是工业、电力、交通等部门。根据湖北省碳排放权交易中心的数据，2019年，湖北省纳入碳市场的373家控排企业共排放二氧化碳2.73亿吨，占全省总排放量的45%。其中，电力行业排放最多，达到1.77亿吨，占控排企业总排放量的64.8%；钢铁行业次之，达到0.32亿吨，占控排企业总排放量的11.7%；水泥行业第三，达到0.25亿吨，占控排企业总排放量的9.2%。

（三）湖北省碳排放结构特点

湖北省碳排放结构具有以下特点：

● 能源结构以煤炭为主。2019年，湖北省煤炭消费量为1.62亿吨标准煤，占能源消费总量的61.6%，是全省最大的二氧化碳排放源。其中，电力行业是最大的煤炭消费者，消费煤炭0.93亿吨标准煤，占煤炭消费总量的57.4%。

●工业结构以高耗能行业为主。2019年，湖北省第二产业增加值占生产总值的41%，高于全国平均水平。其中，高耗能行业增加值占第二产业增加值的48%，高于全国平均水平。高耗能行业包括钢铁、水泥、化工等行业，在全省控排企业中占比达到30%以上。

●交通结构以公路为主。2019年，湖北省公路客运量和货运量分别占全省综合运输客运量和货运量的97.6%和89.3%，是全省第二大二氧化碳排放源。2019年，湖北省公路交通二氧化碳排放量为0.67亿吨，占全省总排放量的11.2%。

●碳排放权交易结构以电力行业为主。2019年，湖北省碳排放权交易总量为0.46亿吨，交易金额为8.3亿元，平均交易价格为18元/吨。其中，电力行业交易量最大，达到0.39亿吨，占交易总量的84.8%；钢铁行业次之，达到0.04亿吨，占交易总量的8.7%；水泥行业第三，达到0.02亿吨，占交易总量的4.3%。

二、湖北省碳达峰碳中和工作进展

（一）能源结构调整

湖北省作为全国重要的工业基地、农业大省和能源大省，面临着能源供需矛盾、能源结构不合理、能源消费效率低下等问题。为了应对气候变化，实现碳达峰碳中和的目标，湖北省制定了《湖北省能源发展"十四五"规划》和《湖北省应对气候变化"十四五"规划》，明确了"十四五"时期的能源发展愿景、目标、任务和措施。

根据规划，湖北省将统筹推进保供应、调结构、强创新、促改革、惠民生、防风险各项工作，建设清洁低碳、安全高效的能源体系。具体而言，主要包括以下几个方面：

一是建设安全多元的能源供给体系。通过"内增、外引、强网、增储",提升省内供应能力和省外引入能力,实现应保尽保。全省新增新能源装机2 000万千瓦,有序推进已纳入国家规划的大型清洁高效电源建设,新增页岩气开采能力20亿立方米,新增煤炭储备能力500万吨,储气能力2.68亿立方米。依托陕北至湖北、金上至湖北特高压直流输电工程引入清洁电力1 300万千瓦,依托浩吉铁路、西气东输三线等重大能源输送通道引入优质煤油气资源。

二是建设集约高效的能源输送储备体系。通过发展"源网荷储"电力系统新模式,提升能源运行调节和风险防范能力。加快智能电网建设,预计2025年城镇、农村用户年均停电时间分别降至1.5、7.5小时以内。推进煤电机组"三改联动",建成储能电站200万千瓦,开工建设抽水蓄能电站750万千瓦以上。新建油气管道1 500公里,建设潜江、武汉、黄冈三大储气基地,荆州江陵大型煤炭储配基地,"十四五"末储气能力达到6.5亿立方米,储煤能力达到1 600万吨。

三是建设节约低碳的能源消费体系。通过科学开展能耗"双控",推进能源清洁替代,加快形成绿色低碳生产生活方式。提高煤炭清洁利用水平,严格控制散煤。实施"气化长江""气化乡镇"工程。提升全社会电气化水平,电能占终端能源消费比重达到25%。

(二) 清洁能源开发

湖北省是全国重要的水电基地和清洁能源大省,近年来,湖北省积极推进清洁能源的规划建设和消纳利用,取得了显著成效。

一是加快清洁能源装机规模的扩大。根据《湖北省能源发展"十四五"规划》(以下简称《规划》),到2025年,湖北省将新增新能源装机2 000万千瓦,建设以新能源为主体的新型电力系统,优化能源结构。截至2021年10月底,湖北省襄阳市清洁能源装机总量达到237.78万千瓦,占全市电源总装机的47%。

二是加强清洁能源输送储备体系的建设。《规划》提出,要推进"风光水火储、源网荷储一体化示范工程",提升能源运行调节和风险防范能力。2021年,湖北省建成储能电站200万千瓦，开工建设抽水蓄能电站750万千瓦以上。此外，还要加快油气管道、储备基地等项目的建设，提高油气供应保障水平。

三是促进清洁能源消费体系的转型。《规划》指出，要科学开展能耗"双控"，推进能源清洁替代，加快形成绿色低碳生产生活方式。实施"气化长江""气化乡镇"工程，提升全社会电气化水平，电能占终端能源消费比重达到25%。同时，要强化需求侧管理，引导和激励电力用户挖掘调峰资源，形成最高负荷5%的需求响应能力。

四是培育清洁能源科技创新体系。《规划》强调，要延伸壮大产业链，培育新生态链。加快数字化、智能化建设，大力发展碳捕捉封存、储能等新技术，积极推进氢能开发利用。2021年湖北省农村清洁能源入户417万户，清洁能源入户普及率为33.42%。其中有7个县（市、区）普及率超过70%。

五是深化清洁能源治理体系的改革。《规划》要求，要建设中长期交易为主、现货交易和辅助服务交易有机衔接的电力市场交易体系，实现油气管网第三方公平接入，完善储备调峰市场化运营机制。大力优化用能营商环境，加强能源监管，强化安全生产和应急管控。

（三）低碳产业发展

湖北省是长江中游城市群的核心区域，近年来，湖北省积极响应国家和省市级低碳试点示范的号召，加快推进低碳产业的发展，取得了一定成效。

一是加强低碳产业规划引领。根据《湖北省能源发展"十四五"规划》，到2025年，湖北省将建设以新能源为主体的新型电力系统，优化能源结构，提高非化石能源消费比重。同时，还将实施战略性新兴产业倍增计划，培育壮大新一代信息技术、生物医药、新材料、智能制造等低碳产业。

二是加大低碳产业投入支持。湖北省通过财政补贴、税收优惠、金融贷款、政府采购等方式，鼓励和引导企业加大对低碳产业的投入和创新。例如，湖北省设立了绿色金融组织，支持有条件的市场主体发起设立或者参与组建绿色金融专营机构或者事业部。同时，还支持企业开展绿色工厂、绿色工业园区、绿色设计产品和绿色供应链管理企业创建。

三是加快低碳产业示范推广。湖北省全力推进国家和省市级低碳试点示范，基本形成城市、城镇、园区、社区、校园、商业多层次的低碳试点示范体系。目前，湖北省内拥有国家级低碳工业园区3个、省级低碳社区15个。此外，还积极推广应用先进成熟的绿色低碳技术，如氢能与燃料电池、储能等新技术。

四是加强低碳产业监测评价。湖北省建立了全国碳排放权注册登记系统，积极为首批纳入的2 162家企业提供账户管理、交易清结算等服务。同时，还建立了低碳发展指标体系和评价机制，对各地各部门各单位的低碳发展情况进行监测评价，并及时发布相关报告和数据。

（四）绿色交通建设

"十三五"时期，湖北省交通运输系统坚持绿色发展理念，加快推进运输结构调整，优先发展公共交通、倡导绿色出行，实现运输服务领域绿色发展。

一是运输结构不断优化。湖北省积极引导大宗货物运输"公转铁、公转水"，推动多式联运发展，提高铁路、水路货运量占比。2020年公路、水路、铁路货运量占比分别为71.43%、25.43%、3.13%，与2017年相比分别下降7.29%、上升6.17%、上升1.12%。集装箱多式联运量突破49万标箱。同时，加快推进客运结构调整，提高公共交通出行比例。2020年公路客运量占综合总客运量比重为70.33%，较2015年下降10.67%；铁路、民航客运量占比分别由2015年的14.41%、1.03%上升到26.37%、2.55%。

二是节能减排水平不断提高。湖北省大力推广应用清洁能源和新能源车辆，加快淘汰老旧车辆和黄标车。截至2020年底，全省清洁能源公交车辆占比达到58%，具有岸电供应能力的泊位占全部生产性泊位比例达到24.8%，船舶平均吨位由2015年的1 700吨增长至2 459吨。邮政快递行业绿色发展成效显著，快递电子运单、循环中转袋使用率接近100%。同时，加强交通节能减排监测评价和标准制定，实施差异化收费和限行限速等措施，降低货车超限超载率和尾气排放量。

为了立足新发展阶段、贯彻新发展理念、构建新发展格局，湖北省制定了《湖北省综合交通运输发展"十四五"规划纲要》等文件，主要包括以下几个方面：提高绿色出行比例、提高资源利用效率、提高装备升级水平、控制污染排放水平、强化生态保护水平。

（五）碳市场建设

湖北省是全国首批七个碳排放权交易试点之一，自2014年启动以来，积极探索创新，形成了较为成熟的碳市场运行机制。截至2022年10月底，湖北碳市场共有各类市场主体1.1万个，其中参与控排的企业373家，二氧化碳总排放量2.75亿吨，约占全省排放量的45%。配额共成交4.3亿吨，成交额达90.5亿元，占比均超过全国的50%。

湖北省还承担了全国碳排放权注册登记系统的建设任务，为全国碳市场提供了重要的技术支撑。全国碳排放权注册登记系统位于武汉，是全国碳市场的"大脑中枢"，负责开立账户、注册登记、配额发放、交易结算、履约清缴等全业务流程功能。目前，系统已具备了满足全国碳市场启动上线的软硬件条件。

湖北省还制定了《湖北省应对气候变化"十四五"规划》，明确了"十四五"时期应对气候变化的总体目标、重点任务和保障措施。其中，加快建设全国碳市场是重要内容之一。规划提出，要持续深化碳排放权交易试点建设，完善碳市场制度设计和运行机制，抓好碳排放核查、配额分配及履约清缴等工作，研究扩大试点碳市场覆盖范围和参与主体类型，促进企业节能环保改造，倒逼落后产能转型。

此外，湖北省还积极探索利用金融手段支持碳市场发展。2021年7月，《武汉市建设全国碳金融中心行动方案》出台，提出到2025年末建成支撑碳市场和碳金融高质量发展的全国碳排放权注册、登记、结算中心，辐射长江经济带的生态资源权益交易中心，立足中部、辐射全国的碳金融生态圈，成为碳市场的核心节点、结算枢纽及碳定价中心。同年9月，武汉市人民政府、武昌区人民政府与各大参会金融机构、产业资本共同宣布，将共同成立总规模为100亿元的武汉碳达峰基金，是目前国内首只由市政府牵头组建的百亿级"碳达峰"基金。

（六）生态文明建设

湖北省是我国中部地区的重要省份，也是新时代"祖国立交桥"的重要支点。为了贯彻落实习近平总书记关于生态文明建设的重要指示和全国"双碳"目标，湖北省积极推进生态文明示范创建，努力实现2025年建成生态强省的目标，推动绿色低碳发展。

湖北省是全国首批生态省建设试点省份，自2013年启动以来，积极探索创新，形成了较为成熟的生态文明建设机制。截至目前，湖北省已累计创建国家生态文明建设示范区19个、"绿水青山就是金山银山"实践创新基地5个、省级生态文明建设示范市（县、区）67个、省级生态乡镇787个、省级生态村6 059个。

湖北省还制定了《湖北省生态文明建设规划纲要（2014—2030年）》，明确了生态文明建设的总体目标、重点任务和保障措施。其中，加快推进"五级联创"是重要内容之一。规划提出，要推动实现省、市、县、乡、村"五级联创"全覆盖，确保2025年底前，国家生态文明建设示范区数量达到30个，有更多的市县进入国家"绿水青山就是金山银山"实践创新基地行列，形成全省全面创建、整体奋进的强大态势。

（七）碳汇增加

近年来，湖北省积极推进生态文明建设和绿色低碳发展，不断增加碳汇，为实现"双碳"目标和生态强省目标作出了积极贡献。

根据湖北省生态环境厅的数据，2020年，湖北省森林蓄积量达到4.2亿立方米，森林覆盖率达到42%，森林植被碳储量达到1.78亿吨。经过测算，森林蓄积量每增加1立方米，相应地可以固定1.6吨二氧化碳。2015年以来，湖北省依托碳排放权交易试点，积极推进林业碳汇项目开发。截至2021年9月，共开发了128个林业碳汇项目，累计使用来自省内贫困地区的减排量217万吨。

除了森林碳汇外，湖北省还重视其他类型的碳汇的开发和利用。例如，湖北省通过实施湿地保护和恢复工程、水土保持工程、退耕还林还草工程等措施，增加了草地和湿地的碳汇能力。同时，湖北省还通过推广沼气工程、光伏发电工程等清洁能源项目，减少了农村地区的化石能源消耗和温室气体排放。

为了促进碳汇的交易和流动，湖北省还创新了"碳汇+"交易机制，即包含湖北省碳汇、光伏碳减排、农村沼气碳减排等在内的减排增汇项目产生的、经湖北省核证的温室气体自愿减排量。2020年11月，湖北省生态环境厅印发了《开展"碳汇+"交易助推构建稳定脱贫长效机制试点工作的实施意见》，明确了"碳汇+"交易的目标、原则、主体、内容、流程等方面。通过"碳汇+"交易，既可以为贫困地区提供新的收入来源和就业机会，又可以促进生态保护和修复。

三、湖北省碳达峰碳中和工作难点

湖北省作为全国首批生态省建设试点省份和全国首批碳排放权交易试点省份，积极响应国家号召，推进碳达峰碳中和工作。近年来，湖北省在强化组织领导、开展专题调研、启动碳排放达峰行动方案编制工作、推进全国碳排放权注册登记系统建设等方面取得了积极进展。然而，在实现"双碳"目标的过程中，湖北省也面临着不少困难和挑战，需要克服和解决。

（一）能源结构转型难度大

能源消费是二氧化碳排放的主要来源，调整能源结构是实现"双碳"目标的关键。湖北省能源消费结构以煤炭为主，非化石能源占比较低。湖北省要实现"双碳"目标，就必须通过加快淘汰落后产能、控制新增高耗能项目、提高清洁能源利用率、推广节能技术等措施，降低煤炭消费比重，提高非化石能源供给。

然而，湖北省能源结构调整面临着多方面的困难。一是资源禀赋不利于发展清洁能源。湖北省属于内陆地区，风能、太阳能等可再生能源资源相对缺乏。虽然水电资源较为丰富，但受到水文条件、生态环境等因素的制约，开发潜力有限。二是经济社会发展对能源需求较大。湖北省是我国重要的经济大省和人口大省，2019年地区生产总值超过4万亿元，常住人口超过6000万。随着城镇化进程加快、工业化水平提高、居民生活水平改善等因素的推动，湖北省对电力、天然气等清洁能源的需求将持续增长。三是能源供应保障存在不足。由于清洁能源开发利用不足，湖北省长期依赖外部能源输入，尤其是电力和天然气的供应存在不确定性。在电力市场化改革的背景下，省外电力的价格、数量和时段等因素都可能影响湖北省的电力供应稳定性。在国际油气市场波动的情况下，天然气的进口成本、供应量和安全性等因素也可能对湖北省的天然气供应造成影响。

（二）工业结构优化难度大

高耗能行业是我国温室气体排放的主要来源之一，其排放强度远高于其他行业。因此，优化工业结构，降低高耗能行业比重，提高工业节能减排水平，是湖北省实现碳达峰碳中和的关键。

然而，湖北省工业结构优化面临着多方面的困难。一是高耗能行业占比较大，调整压力较大。湖北省是我国重要的钢铁、有色金属、建材、化工等产业基地，这些行业对湖北省经济社会发展和就业稳定具有重要作用。同时，这些行业也面临着产能过剩、技术落后、环境污染等问题，需要加快淘汰落后产能、提升清洁生产水平、推进转型升级。二是新兴产业发展不足，支撑作用不强。湖北省在新一代信息技术、生物医药、新材料等新兴产业领域具有一定优势和潜力，但与发达地区相比仍存在较大差距。这些新兴产业对能源消费和温室气体排放的影响相对较小，对优化工业结构和实现碳达峰碳中和具有积极作用。因此，需要加大政策扶持和投入力度，培育壮大新兴产业集群。

（三）碳市场建设不完善

湖北省是全国首批开展碳排放权交易试点的地区之一，如何充分发挥市场机制作用，促进企业节能减排，是湖北省实现碳达峰碳中和的重要手段。但碳市场建设还存在一些问题，如监测核算、配额分配、交易规则等方面还需要进一步完善，市场参与主体、交易活跃度、价格信号等方面还需要进一步增强，市场监管、法律保障等方面还需要进一步加强。具体表现如下：

●碳市场规模有限，覆盖范围不够广泛。目前，湖北省碳市场只涵盖了发电行业，而其他高耗能高排放行业如钢铁、化工、建材等还未纳入碳市场。这导致了碳市场的供需失衡，碳价格波动较大，碳交易的稳定性和可预期性不足。

●碳市场法律保障不健全，监管协调不够有效。湖北省碳市场目前还没有专门的法律法规来规范和保障其运行。这导致了碳市场的权利义务不明确，纠纷解决困难，违约惩罚力度不够。

●碳市场服务机构和人才队伍不足，专业化水平有待提高。湖北省碳市场目前还缺乏专业的碳交易服务机构，如碳资产评估、碳审计、碳咨询、碳金融等。这影响了碳市场的规范化和专业化运行，也限制了碳市场的发展空间和潜力。此外，由于碳市场是一个新兴的领域，需要具备多方面的知识和技能，湖北省碳市场相关的人才队伍还不够充实和成熟。

●碳市场与其他政策工具的协同效应不明显，碳减排的综合效益有待提高。湖北省碳市场作为应对气候变化的重要政策工具，需要与其他政策工具如能源价格、税收、补贴、标准等相互配合和协调，形成减排的综合效应。然而，目前湖北省碳市场与其他政策工具之间的协同机制还不够完善和有效，可能存在重复或冲突的情况。

（四）协同治理能力不足

湖北省将应对气候变化纳入生态环境保护整体布局和经济社会发展全局，制定了"十四五"应对气候变化专项规划和碳达峰行动方案等文件，但在具体实施过程中，还需要加强各地区各部门各行业之间的协调配合，形成减污降碳协同增效的治理格局。提高治理体系和治理能力现代化水平，是湖北省实现碳达峰碳中和的基础保障。

四、湖北省未来温室气体减排建议与展望

（一）打造全国碳市场核心枢纽

湖北省作为全国首批碳交易试点地区，已经具备了成熟的地方试点碳市场基础，更叠加了全国碳市场注册登记结算平台及登记结算机构（以下简称"中碳登"）、气候投融资试点等有利契机。未来，碳市场建设将成为湖北省推进先行区建设的重要组成部分，应抢抓机遇，依托中碳登将湖北打造成全国碳市场核心枢纽。

具体来说，可能需要从以下几个方面着手：

●加强碳交易市场顶层设计。支持并推动中碳登冠名"中国"批复落地、加快中碳登组建方案批复，完善碳排放核查等相关配套制度。支持国际大型低碳活动会议论坛定期在湖北武汉开展，积极发出中国碳市场声音。

●打造全国碳金融中心。出台碳金融支持政策，完善碳金融要素市场，支持设立武汉碳清算机构等碳金融基础设施机构。大力支持金融机构开发衍生工具，推进碳金融创新发展。构建碳金融产业链，支持设立碳减排基金投资碳减排技术、项目、企业。

●打造"双碳"科技和人才中心。开展高耗能行业碳减排关键技术攻关，以中碳登为依托，引导支持我国科研机构走出去，加快构建碳金融人才支撑体系。

●打造碳数字产业中心。规划建设中国数字"碳谷"。立足全国统一大市场，建设碳排放权、能源数据交易中心。重点开展低碳技术成果转化与产业化，发展可

再生能源及配套产业。

●支持武昌区打造湖北碳交易核心枢纽首发示范区、全国碳金融集聚示范区，吸引和培育碳金融产业链企业入驻。

（二）扩大碳市场覆盖范围

碳市场是通过市场机制实现温室气体减排的有效途径。湖北省应积极参与全国碳市场建设，扩大碳市场覆盖范围，将更多的行业和企业纳入碳市场管理。除了发电行业外，还应逐步将钢铁、化工、建材等高耗能高排放行业纳入碳市场，并探索将交通、建筑、农业等其他行业纳入碳市场。同时，应鼓励更多的社会主体参与自愿减排交易市场，开发更多的自愿减排项目，并在市场上出售其减排量。这样可以增加碳市场的供需平衡性和流动性，提高碳价格的稳定性和预期性，激发各类主体的减排动力和创新能力。

（三）加强多方合作交流

湖北省需要加强各部门和各层级的沟通协调，形成温室气体减排的合力和共识。具体来说，需要从以下几个方面入手：

●建立高效的工作机制。湖北省应按照国家相关要求，建立健全碳达峰碳中和领导小组、办公室等工作机构，明确各部门职责分工和协作机制，加强统筹协调和督促指导。同时，应加强与国家相关部门、其他省份、社会组织、企业等的沟通交流和合作共建，及时掌握政策动态和先进经验，积极争取支持和配合。

●制订科学的行动方案。湖北省应根据国家确定的"双碳"目标任务和时间表，结合本省实际情况和发展需求，制订具有可操作性和针对性的"双碳"行动方案，明确各领域、各行业、各地区的减排目标、措施、路径和责任主体。同时，应加强方案的宣传解读和培训指导，提高各方面的认知度和执行力。

●完善有效的激励机制。湖北省应根据"双碳"目标任务的难易程度和重要性，制定差异化的激励政策，鼓励各地区、各部门、各企业积极主动参与减排行动。同时，应建立健全温室气体排放统计、监测、核算、报告、核查等制度，完善温室气体排放数据管理平台，加强对减排成效的评估和考核。

●加强广泛的社会参与。湖北省应充分发挥社会组织、专业机构、媒体等在减排行动中的作用，加强对公众、企业等社会主体的教育引导和服务支持，提高他们的环境意识和低碳能力。同时，应鼓励社会主体参与自愿减排交易市场。

（四）制定差异化的温室气体减排政策和标准

根据不同行业和领域的温室气体排放特点和减排潜力，来制定差异化的温室气体减排政策和标准，是实现碳达峰碳中和目标的重要手段。

首先，应该建立科学合理的温室气体排放核算和监测体系，对各行业和领域的温室气体排放情况进行全面、准确、及时的统计和披露，为制定差异化的减排政策和标准提供数据支撑。

其次，应该根据各行业和领域的发展阶段、技术水平、市场竞争、社会效益等因素，制定差异化的温室气体减排目标和路线图，明确各行业和领域在碳达峰碳中和进程中的责任和任务。

再次，应该根据各行业和领域的温室气体减排潜力和难度，制定差异化的温室气体减排措施和技术路线，鼓励采用先进适用的节能降耗、清洁替代、碳捕集利用等技术，提高温室气体减排效率。

最后，应该根据各行业和领域的温室气体减排成本和收益，制定差异化的温室气体减排激励机制，通过财税、金融、价格、市场等手段，对温室气体减排行为进行奖励或补贴，对温室气体超量排放行为进行惩罚或限制。

参考文献

[1] 赵斌. 全球气候政治的现状与未来 [J]. 人民论坛, 2022 (14): 14-19.

[2] 马翩宇. 英国加速发展低碳经济 [N]. 经济日报, 2021-12-29 (004).

[3] 李岚春, 陈伟, 岳芳, 等. 英国碳中和战略政策体系研究与启示 [J]. 中国科学院院刊, 2023, 38 (3): 465-476.

[4] 郭丽峰, 李晨. 瑞典实现碳中和目标战略、科研部署及相关政策研究 [J]. 全球科技经济瞭望, 2022, 37 (5): 67-70.

[5] 法国大力发展可再生能源 确保到2050年实现"碳中和" [J]. 新能源科技, 2022 (7): 36.

[6] 李可心, 王小珊, 岳超, 等. 新西兰自然保护地气候变化适应路径及其启示 [J]. 中国园林, 2023, 39 (3): 20-26.

[7] 修勤绪. 德国气候目标及主要经验启示 [J]. 中国能源, 2022, 44 (12): 65-72.

[8] 张海滨, 黄晓璞, 陈婧嫣. 中国参与国际气候变化谈判30年: 历史进程及角色变迁 [J]. 阅江学刊, 2021, 13 (6): 15-40; 134-135.

[9] 苏义脑. 中国碳达峰碳中和与能源发展战略的认识与思考 [J]. 世界石油工业, 2022, 29 (4): 7-11.

[10] 翁艺斌, 刘双星, 李兴春, 等. 中、欧企业层面温室气体排放核算对比研究 [J]. 油气与新能源, 2021 (3): 22-25.

[11] 鲁亚霜, 王颖, 张岳武. 国家温室气体排放统计核算报告体系现状研究 [J]. 环境影响评价, 2017 (2): 04.

[12] 吴贵根, 龙苏华, 张铜柱, 等. 汽车零部件生命周期碳足迹核算研究 [J]. 中国汽车, 2023 (3): 07-13.

[13] 冯丹燕，侯坚，雷蕾. 市县级工业生产过程温室气体清单编制研究 [J]. 质量与认证，2018（12）：69-71.

[14] 白卫国，庄贵阳，朱守先. 中国城市温室气体清单研究进展与展望 [J]. 中国人口资源与环境，2013（1）：63-67.

[15] 邓保乐，张斌. 国内外企业温室气体排放核算标准的比较分析 [J]. 低碳世界，2017（26）：546-553.

[16] 工业园区碳达峰实施方案编制指南（征求意见）. 中国循环经济协会，2022.

[17] 何建坤，陈文颖，等. 应对气候变化研究模型与方法学 [M]. 北京：科学出版社，2015.

[18] 丁仲礼. 深入理解碳中和的基本逻辑和技术需求 [J]. 党委中心学习杂志，2022（2）：22-25.

附录　概念与术语

1.碳排放：是人类生产经营活动过程中向外界排放温室气体（二氧化碳、甲烷、氧化亚氮、氢氟碳化物、全氟碳化物和六氟化硫等）的过程。具体指煤炭、天然气、石油等化石能源燃烧活动和工业生产过程以及土地利用、土地利用变化与林业活动产生的温室气体向大气的排放，以及因使用外购的电力和热力等所导致的间接温室气体向大气的排放。

2.碳达峰：广义来说，碳达峰是指某一个时点，二氧化碳的排放不再增长达到峰值，之后逐步回落。根据世界资源研究所的介绍，碳达峰是一个过程，即碳排放首先进入平台期并可以在一定范围内波动，之后进入平稳下降阶段。碳达峰是实现碳中和的前提条件，尽早地实现碳达峰可促进碳中和的早日实现。据此，结合我国的承诺的时间节点：1）从现在至2030年，我国的碳排放仍将处于一个爬坡期；2）2030—2060年这20年间，碳排放要度过平台期并最终完成减排任务。

3.碳中和：是指企业、团体或个人测算在一定时间内直接或间接产生的温室气体排放总量，然后通过植树造林、节能减排等形式，抵消自身产生的二氧化碳排放量，实现二氧化碳"零排放"。

4.碳交易：即把二氧化碳排放权作为一种商品，买方通过向卖方支付一定金额从而获得一定数量的二氧化碳排放权，从而形成了二氧化碳排放权的交易。碳交易市场是由政府通过对能耗企业的控制排放而人为制造的市场。通常情况下，政府确定一个碳排放总额，并根据一定规则将碳排放配额分配至企业。如果未来企业排放高于配额，需要到市场上购买配额。与此同时，部分企业通过采用节能减排技术，最终碳排放低于其获得的配额，则可以通过碳交易市场出售多余配额。双方一般通过碳排放交易所进行交易。

5.碳汇：一般是指从空气中清除二氧化碳的过程、活动、机制，主要是指森林吸收并储存二氧化碳的多少，或者说是森林吸收并储存二氧化碳的能力。

6.碳捕集利用与封存（CCUS）：是把生产过程中排放的二氧化碳进行捕获提纯，继而投入到新的生产过程中进行循环再利用或封存的一种技术。其中，碳捕集是指将大型发电厂、钢铁厂、水泥厂等排放源产生的二氧化碳收集起来，并用各种方法储存，以避免其排放到大气中。该技术具备实现大规模温室气体减排和化石能源低碳利用的协同作用，是未来全球应对气候变化的重要技术选择之一。

7.碳排放权：指依法取得的向大气排放温室气体的权利。

8.国家核证自愿减排量（CCER）：指我国依据国家发展和改革委员会发布施行的《温室气体自愿减排交易管理暂行办法》的规定，经其备案并在国家注册登记系统中登记的温室气体自愿减排量，简称CCER。

9.碳抵消：指用于减少温室气体排放源或增加温室气体吸收汇，用来实现补偿或抵消其他排放源产生温室气体排放的活动，即控排企业的碳排放可用非控排企业使用清洁能源减少温室气体排放或增加碳汇来抵消。抵消信用由通过特定减排项目的实施得到减排量后进行签发，项目包括可再生能源项目、森林碳汇项目等。

10.温室气体（GHG）：指大气中由自然或人为产生的，能够吸收和释放地球表面、大气本身和云所发射的陆地辐射谱段特定波长辐射的气体成分。该特性可导致温室效应。水汽（H_2O）、二氧化碳（CO_2）、氧化亚氮（N_2O）、甲烷（CH_4）和臭氧（O_3）是地球大气中主要的GHG。此外，大气中还有许多完全由人为因素产生的GHG，如《蒙特利尔协议》所涉及的卤烃和其他含氯和含溴物。除CO_2、N_2O和CH_4外，《京都议定书》还将六氟化硫（SF_6）、氢氟碳化物（HFC）和全氟化碳（PFC）定义为GHG。

11.温室效应：大气中所有红外线吸收成分的红外辐射效应。温室气体（GHGs）、云和少量气溶胶吸收地球表面和大气中其他地方放射的陆地辐射。这些物质向四处放射红外辐射，但在其他条件相同时，放射到太空的净辐射量一般小于没有吸收物情况下的辐射量，这是因为对流层的温度随着高度的升高而降低，辐射也随之减弱。GHG浓度越高，温室效应越强，其中的差值有时称作强化温室效应。人为排放导致的GHG浓度变化可加大瞬时辐射强迫。作为对该强迫的响应，地表温度和对流层温度会出现上升，就此逐步恢复大气顶层的辐射平衡。

12.气候变化：指气候平均状态统计学意义上的巨大改变或者持续较长一段时间（典型的为30年或更长）的气候变动。气候变化不但包括平均值的变化，也包括变率的变化。《联合国气候变化框架公约》定义为：经过相当一段时间的观察，在自然气候变化之外由人类活动直接或间接地改变全球大气组成所导致的气候改变。

13.二氧化碳当量：为统一度量整体温室效应的结果，需要一种能够比较不同温室气体排放的量度单位，由于二氧化碳增温效应的贡献最大，因此，规定二氧化碳当量为度量温室效应的基本单位，用作比较不同温室气体排放的量度单位。通过全球增温潜势进行换算。

14.全球增温潜势：在一定时期（通常为100年）内，排放到大气中的1千克温室气体的辐射强迫与1千克二氧化碳的辐射强迫的比值。

15.碳强度：按另一个变量（如国内生产总值、产出能源的使用或交通运输等）单位排放的二氧化碳量。

16.碳固定：增加除大气之外碳库的碳储存的过程。

17.人为排放：人类活动引起的各种温室气体、气溶胶，以及温室气体或气溶胶的前体物的排放。这些活动包括各类化石燃料的燃烧、毁林、土地利用变化、畜牧业生产、化肥施用、污水管理，以及工业流程等。

18.直接排放：在定义明确的边界内各种活动产生的物理排放，或在某一区域、经济部门、公司或流程内产生的排放。

19.间接排放：在定义明确的范围内，如某个区域、经济部门、公司或流程的边界内各种活动的后果，但排放是在规定的边界之外产生的排放。例如如果排放与热量利用有关，但物理排放却发生在热量用户的边界之外，或者排放与发电有关，但物理排放却发生在供电行业的边界之外，那么这些排放可描述为间接排放。

20.清洁发展机制：《京都议定书》中引入的灵活履约的机制之一。它允许缔约方与非缔约方联合开展二氧化碳等温室气体减排项目。这些项目产生的减排数额可以被缔约方作为履行他们所承诺的限排或减排量。

21.排放配额：是政府分配给重点排放单位指定时期内的碳排放额度，是碳排放权的凭证和载体。1单位配额相当于1吨二氧化碳当量。

22.额外性：指拟议的减缓项目、减缓政策或气候融资的减排项目活动所产生的项目减排量高于基线减排量的情形。这种额外的减排量在没有拟议的减排项目活动时是不会产生的。林业碳汇项目的额外性是指碳汇量高于基线碳汇量的情形，并且这种额外的碳汇量在没有碳汇造林项目活动时是不会产生的。

23.泄漏：由于减排项目活动引起的、发生在项目活动边界外的、可测定的温室气体源排放的增加量。泄漏还指在某块土地上进行的无意识的固碳活动（例如植树造林）直接或间接地引发了某种活动，该活动可以部分或全部抵消最初行动的碳效应。无论是一个项目、县、州、省、国家，还是世界中的区域，每个层面都可能发生泄漏现象。

24.碳预算：碳库间或碳循环的某个具体循环圈（例如大气层-生物圈）间碳交换的平衡。碳库预算的审查提供了判断是源或汇的信息。

25.碳信用：国际有关机构发给温室气体减排国、用于进行碳交易的凭证。一个单位的碳信用通常等于或相当于1吨二氧化碳的减排量。清洁技术的推广应用会得到额外的补偿，因此这对清洁技术的研发和使用起到激励作用。在很多用于评估减缓经济成本的模型中，碳价通常被用来作为表示减缓政策努力程度的替代参数。

26.碳金融：指低碳经济投融资活动，或称碳融资和碳物质的买卖。即服务于限制温室气体排放等技术和项目的直接投融资、碳排放权交易和银行贷款等金融活动。

27.基线：指用于衡量变化大小的一些数据。项目活动的基线是合理地代表一种在没有拟议的项目活动时会出现的人为温室气体排放量的情景。

28.基线情景：指在没有拟议的项目活动时，项目边界内的活动的未来情景。

29.项目活动：指一项旨在减少温室气体排放量的措施、操作或行动。

30.项目边界：指由对拟议项目所在区域的林地拥有所有权或使用权的项目参与方（项目业主）实施森林经营碳汇项目活动的地理范围。一个项目活动可在若干个不同的地块上进行，但每个地块应有特定的地理边界，该边界不包括位于两个或多个地块之间的林地。项目边界包括事前项目边界和事后项目边界。

31.项目情景：指拟议的项目活动下，对温室气体排放趋势情景的预测。

32.核证：由指定的经营实体提出的书面保证，即在一个具体时期内某项目活动所实现的温室气体源人为减排量已被核实。

33.计入期：指项目情景相对于基线情景产生额外的温室气体减排量的时间区间。项目参与者应当将计入期起始日期选定在自愿减排项目活动产生首次减排量的日期之后，计入期不应当超出该项目活动的运行周期。项目参与方可选择固定计入期或可更新计入期两种。

34.核实：指由指定的经营实体定期独立审评和事后确定已登记的碳交易机制项目活动在核实期内产生的、经监测的温室气体源人为减排量。

35.监测：指收集和归档所有对确定基准线，测量某一减排项目（CDM或自愿减排项目）活动在项目边界内的温室气体（GHG）源人为排放量以及泄漏所必要的并可适用的相关数据。

36.基线碳汇量：也叫基线净温室气体汇清除，是基线情景下项目边界内各碳库中的碳储量变化之代数和。

37.项目碳汇量：也叫实际净温室气体汇清除，是项目情景下项目边界内所选碳库中的碳储量变化量，减去由碳汇造林项目活动引起的项目边界内温室气体排放的增加量。

38.项目减排量：也叫净人为温室气体汇清除，指由于造林项目活动产生的净碳汇量。项目减排量等于项目碳汇量减去基线碳汇量，再减去泄漏量。

39.重点排放单位：指满足国务院碳交易主管部门确定的纳入碳排放权交易标准且具有独立法人资格的温室气体排放单位。

40.清单：机构的温室气体排放量和排放源的量化表。

41.排放因子：量化每单位活动的气体排放量或清除量的系数。排放因子通常在给定的一组操作条件下，基于测量样本数据得到具有代表性的平均活动水平的排放率。

42.基准年：清单的起始年。目前一般是以1990年为基准年。

43.活动：在给定的时期和界定的区域内所发生的一项作业或一系列作业。

44.活动数据：在一定的时间内引起温室气体源排放或清除的人类活动数量的大小。在土地利用、土地利用变化和林业（LULUCF）部门，土地面积、经营管理系统、石灰和肥料的使用等数据均是活动数据的例子。